零秒思考力

全世界最簡單的腦力鍛鍊

著 赤羽雄二
YUJI AKABA
譯 陳亦苓

ゼ ロ 秒 思 考

專文推薦

（依姓名筆畫順序排列）

姚詩豪（Bryan）《專案管理生活思維》部落格站長

網際網路的發展把你我推進一個資訊龐雜的萬象世界。滾滾洪流般的訊息排山倒海地迎向我們，要是沒有敏銳的思考分析能力當作後盾，感官被淹沒不說，更別提能做出正確的決策！在我管理顧問的職涯中，麥肯錫顧問公司的思考法一直是十分有效的「腦內治水系統」，幫助我在工作與生活做出許多關鍵決定。

本書作者即出身麥肯錫，除了熟悉思考技巧外，更提出了以A4筆記鍛鍊思考的方法。這本書在資訊氾濫的年代，不啻為一艘理性的方舟，載著我們邁向思考的航程。

張國洋（Joe）《專案管理生活思維》部落格站長

本書的核心精神很類似一個我們常常在部落格中宣揚的概念，那就是透過文字來思考。

文字思考聽起來很奇怪，但其實是很重要的一種學習方式。平時我們光看、光閱讀、光空想，會覺得很多概念很簡單並以為自己理解了。但「寫」卻常常是發現自己不足的過程。因為要「寫出來」，得要整理、組織、分類、並有條理，所以常寫，就能鼓勵自己常思考。

而書中的概念，則是讓自己盡快整理所想到的東西。如此，一方面能訓練自己的思考力，二來也可以把這些結果保留起來，是對我們每個人都很有價值的內容。

詹德弘 AppWorks之初創投合夥人

這幾年有許多介紹邏輯思考及寫作的書引進國內，可惜無論對經營者或是執行者在使用時常常會發現不知如何應用。究其原因，主要是整個組織中沒有人有相關的能力及訓練，不脫以清談為腦力激盪、跳針為深入思考。

為了建立邏輯思考能力，作者累積十數年麥肯錫經驗精煉出一步一步學習的法門——用一分鐘寫一頁筆記在A4廢紙背面，每天寫十頁，書中循序漸進說明背景及應用方式，連使用的筆都有建議。無論是個人或團隊，都可以當作實作邏輯思考的方法。

前言

明明就打算拼了命地認眞思考，但實際上停在原地的人卻意外地多。總是毫無進展、徒勞無功。一旦有重要的事情出現，腦袋就不靈光，思緒無論如何都無法再更深入。試圖好好思考問題，但眼前卻浮現別的課題，無法集中注意力的結果，便是反反覆覆都得不到一個結論，花了大把時間仍然無法深入挖掘，終究陷入永無止盡的惡性循環當中。

在深入思考前，最好先具備積極正向的思維，情況才不至於太糟。因爲迷惘困惑時，會覺得這也不對、那也不行，總是苦思不得要領。別說要深入思考了，根本就只是在原地打轉。即使已想了好多、想得好累，卻還是一無所獲。

基本上，絕大多數人根本就搞不清楚如何才能夠「深入思考」。每當有人對你說：「請再思考看看」、「這樣的想法太淺薄」時，你了解自己必須更深入思考，若能想得再深入些，或許就有機會成就大事。然而，多數人卻不知道具體的方法該怎麼做。某些人或許會有個概略的想法，卻對其效果沒什麼信心。

仔細回想，我們從小學開始就幾乎不曾有過所謂的「思考訓練」，或是「有效地統整想法」等訓練，而在如何深化思考這方面，除了作文之外，就幾乎沒什麼相關課程了。學生在上課時的發言，大多也只是在回答老師的問題而已，幾乎沒有像美國學校那樣相互辯論彼此意見的狀況，更別說是思考程序和解決問題方法等訓練了，根本一概付之闕如。

我認爲，能夠與人正常對話、能夠閱讀書籍、會使用網路的人，基本上都是聰明的人，即便抗壓性不佳，但只要擁有自己的見解，且處在令人安心的環境中，人們就會懂得發表意見，而且具有相當的判斷力。雖說想法確實有深淺之別，不過，這仍然可以在交換意見的過程中逐漸改善。年齡、學歷、性別、經驗等條件，幾乎不會造成任何差異。

令人驚訝的是，很多人都不相信自己，而白白浪費了這寶貴的能力，實在是太可惜了。只要妥善整理心靈、統整思緒，並學會深化思慮的方法，任誰都能有所成長，並讓自己判若兩人，工作也會更加順利。一旦人際溝通方面的煩惱減少，就能擺脫不必要的痛苦，我們就能快樂地過生活。

我在任職於麥肯錫管理顧問公司的14年裡，參與了各種經營管理的改革工作，從２０００年起更致力於企業的合資創業、管理輔助等。而所謂的經營改革，是指企業針對所面臨的難題，從正面切入，進行改善獲利、組織重整、成立創新事業、培育人才等行動。我會與總裁、部門經理、總監、課長等管理階層一同合作，進行意識與行動方面的改革。

由於員工的戰鬥力將大幅影響著一家公司的未來，所以公司必須讓每一位人才都能更深入思考事物、規劃解決方案，並且徹底實行。

於此同時，我除了在創業計畫競賽及大學的創業相關講座等活動中輔導學生之外，也經常有機會在其他各式場合中認識並與許多人交談。透過這些社交應對與人際關係交流，很幸運地，我研究出能有效深化思考、整理心靈的方法。不論是小學生、大學生，還是社會人士，不分性別、學歷，也不分國籍，這方法對任何人都有極佳效果。

你只要將浮現在腦海中的想法一個接一個地寫下來即可。但，不能用電腦輸入，而是寫在一張Ａ４紙上，且不能花時間慢慢寫，而是要在一分鐘內快速寫完一張Ａ４紙才行。每天寫10張，然後立即整理至文件夾內收藏。如此便能鍛鍊出連麥肯錫的教育課程都無法充分實現的、最基本的「思考力」。

我的方法不僅能讓你深入思考，更能讓你趨近所謂「零秒思考力」的終極水準。更能讓你成爲控制心靈的高手，降低自身無形的壓力、焦慮與恐懼，還能讓人積極開朗地過日子。重點是，這幾乎不用花錢，只要短短三週左右，便能親身感受到明顯效果。

本書第1和第2章說明的是思考的訣竅，以及何謂「零秒思考力」。因此，若你想立刻開始練習寫筆記，或是想馬上學會「零秒思考力」，可從第3章開始閱讀。

第1章 思考的訣竅

第2章

你可以做到零秒思考

第3章

培養零秒思考力的筆記寫法

第4章

徹底活用筆記

第5章

筆記的整理與活用

第1章

思考的訣竅

將浮現於腦海的情境、感覺，轉換為文字

首先，你必須深切體悟思想與文字之間的關係，亦即必須懂得「思想因文字而具體」，以及「情感也能以文字表達」等道理，然後再嘗試將浮現於腦海中的情境、感覺，轉換爲文字。

在我們的腦袋裡經常纏繞著許多想法，會浮現各式各樣的字句。而所有不成文字的，都會自動消逝，因此，必須努力將之轉化爲文字。在浮現的瞬間，就要嘗試將它轉成文字。若只是用想的方式轉換成文字，還是會模糊不清、不夠明確，所以要寫在紙上才行。即使是不好的想法也無所謂，寫出來就是了。

這裡的「無所謂」，意思就是不論人名、欲望、仇恨或懊悔，全

都該直接記錄下來。即使覺得煩躁不耐，仍要努力寫下，一吐爲快。這樣就能變得積極樂觀。

例如：

——為什麼主管不把那個專案交給我？

——是否對我有所不滿？之前也是不肯把我想做的專案交給我。

——要是交給我，我一定會做得很好的。

——為何案子就是不肯交給我做？

——為什麼這次也一樣不給我？

——會不會是不看好我在這個領域的表現？

——可是昨天對我稱讚有加耶！真稀奇，難得他認同我的努力。

——不把案子交給我，也許是有什麼其他的原因。

——啊，搞不好是想把別的案子交給我。

——這樣的話，那就是我想太多了。可是……

——唉，這樣胡思亂想也沒什麼用。

——明天直接問問主管吧！

又或是像這樣：

——怎麼又跟他吵起來了？

——是因為我不喜歡他費心買給我的生日禮物嗎？

——我對那種東西實在沒什麼興趣。

——幹嘛買那種東西給我？

——之前送的禮物也很怪。

——不過，生日和第一次約會紀念日都沒忘記。以男人來說，算是很努力了。

——他似乎對我是真心的。

——而且他說禮物是努力打工賺錢買來的。

——也許我話說得太過分了點。

——去道個歉好了。

——但這又不是我的錯，明明我對那種東西就沒興趣。

——不過，他在忙著準備考試時，還為了買禮物給我而拼命擠出時間打工耶。

——真的算相當認真，畢竟要同時顧及學業與打工是很辛苦的。

——嗯～

——人有點鈍就是了。

——不過⋯

——還是傳個電子郵件道歉吧！

——喔，回信了！回得這麼快，一定是在等我吧！還好我有傳電子郵件給他。

當然也有可能寫了很多，仍然無法紓解情緒。但絕大多數，只要毫無顧忌地全盤寫出，最後多少都會覺得比較舒坦。像這樣不必擔心別人的想法、不必顧忌他人，把想說的一切全都付諸於文字，肯定能暢快許多。就像失戀時痛徹心扉，但在大哭一場後就能馬上再重新振作一樣。

一開始你或許會猶豫，覺得連這種東西都寫出來真的好嗎？但你很快就會習慣。寫出來的東西只要藏好不讓別人看到就行了。既然沒別人會看到，就沒有顧忌。就算心存疑慮，是否眞要把心底的感受化作文字；就算覺得尷尬，只要努力勉強自己寫出來，就會驚訝地發現自己是做得到的。

正所謂「編織話語」，只不過你所編織的不是故事，而是自己的感受、情緒。由於毋須顧慮他人，所以請盡情發揮，想到什麼就寫什麼，即使是不擅長作文的人也能輕易做到。越是想寫得完美就越寫不出來，所以只要不去在意順序、不介意用詞，便能想多少就寫多少。

不必在意他人的眼光，尤其是在心情不好的時候，更是要無止盡地大書特書。

任誰只要醒著，隨時隨地都有所感受、會想事情，腦中也會浮現某些情景。然而，這些都會瞬間消逝。在以文字形式理解之前，模糊的情緒依舊是模糊的，在還未確定的狀態下便會消失無蹤。但這僅是暫時遺忘，造成情緒的原因仍未解決，負面情緒自然就不會消失，人也會越來越苦悶。

「覺得心情不好、不舒坦」、「有種說不出來的煩躁」、「有點不爽，但也不會怎樣，所以就忘掉吧」這些情緒想必你我都曾有過，甚至每天要來上好幾回。雖說有時情緒一下子過去就忘了，但實際上卻會累積在心底，變得越來越沉重。

面對這些情緒，我的建議是將它化爲文字，毫無顧忌地寫下來，把鬱悶統統都趕出去。寫出來的東西沒有要給任何人看，所以完全不必太過客氣。你的抑鬱不會因爲被寫出來就眞的實現，更不會因此而發生什麼不好的事。

憤怒、不滿、焦慮等情緒比含糊的不愉快感還要明確，因此容易辨識、容易理解，也更容易化爲文字。只要下筆不猶豫，任誰都能自由自在地寫下來。其關鍵只在於你能否習慣書寫。

應該有很多人都抱持著「我不想抱怨」、「我不想說別人的壞話」等原則，這樣的想法確實很了不起，不過，負面情緒並不會因此就輕易消失，反而會把痕跡留在心底。

沒有人能夠瞬間消化情緒，再怎麼刻意忽視、勉強壓抑，這些情緒終究都會反彈、爆發，就算沒有傷到自己，也可能傷到別人，結果便以悲劇收場。若是如此，那還不如一開始就別介意太多，暢快地在紙上發洩比較好。當然，寫完後一定要藏好才行。

另外，當你在每天的生活與工作中產生各種想法、創意的同時，一定也會冒出「應該行不通吧」、「肯定辦不到」、「我一定做不來」等感覺，當不安的情緒湧向你時，請把這些也都寫出來。毋須擔心，請全部都記下來。不必寫得有條有理，想到什麼就寫什麼。

如此一來，你的想法與創意便會在腦中清楚浮現，並完整展露全貌。請將自己真正在意的部分、覺得很棒的地方，統統如實吐露。這樣一定能注意到原本想得不夠深入的部分。

這不是要給主管看的企劃書，完全不必在意外觀的美醜，只要把自己心裡在意的、注意到的全都寫下來就行了。

以自在、準確地運用言語、文字為目標

一旦習慣將情景及感覺轉化爲文字後，漸漸就能輕鬆地表達自己的心情與想法，想說什麼都能脫口而出，毫無壓力。不再煩惱用字遣詞，能夠輕易以書面形式傳達自身想法，你的表達將會越來越順暢。

若能夠順暢表達，不論在工作上還是私人生活的溝通，都會更加順利。對方若能立刻理解，你也能輕鬆地寫、自在地說，充分展露出平常的自己。這樣一來，便能讓自己冷靜放鬆。對方也會跟著放鬆，於是，雙方的理解就能進一步提升。

溝通這件事，要在雙方以平常心相互體諒的狀態下進行效果最好。這時，不僅溝通起來較順利，也比較不容易吵架。

即使對方有疑問，也是在你已妥善解說的情況下所產生的，因此，雙方仍然能繼續溝通。當交流的氣氛良好，便可進一步解釋或討論相關議題。

由於在此狀況下產生的疑問少有離題現象，故雙方可一邊享受對話的樂趣，一邊愉快地繼續提問並解說。

若能進行這樣的溝通，你在開會時便能泰然自若，不卑不亢，可以更自然、更適切地表達意見。你將不再與別人發生情緒化的衝突、相互對罵的情況，而是能夠以直接但親切有禮的方式傳達意見。

例如，「關於您的疑問，我想必須以達成有利於雙方的結果爲前提，在充分確認交件期限與費用的狀況下才能進行。」或是「由於交件期限與預算有些困難，因此，若能將幾天前提議新增的功能延到第二階段製作，我們會非常感激。」

即使是更棘手的情況也一樣。例如，「關於上週企劃會議所討論的部分，由於雙方有些誤會，而造成了一些困擾。不過，我跟主管報告了這特殊情況，而他也充分理解並接受了。今後請務必要事先確認。」或者「關於您所介紹的工程師，我聯絡了好幾次他都沒回應，所以我決定找別人接手。目前也找到不錯的人選，所以這次就不勞煩您了。」

這些都是很直接但仍保有禮貌的說法。在尊重對方立場的同時，不輕易妥協，也不卑躬屈膝。

若能夠順利傳達這些因爲擔心對方不高興、害怕吵起來而難以啓齒的事，會議就能進行得很有建設性，也不易產生不必要的疙瘩。少了莫名其妙的客套話與油腔滑調，心情也會愉快很多。既然在過度小心、過度顧慮而陷入僵局之前就解決問題，工作當然會越做越好。即使面對複雜混亂的問題，也能夠妥善掌控。

很多工作都是經由一次又一次的對話、一封又一封的電子郵件所累積而成。因此，只要能正確表達、撇開多餘的顧忌，就能夠順利進行下去。

事情之所以會惡化，往往都是因爲過度顧慮或猶豫而拖延了時機，忽視了明明可在早期階段就解決的問題與錯誤。若不忽視的話，就能採取必要的行動。也就是說，只要能自在、準確地運用言語、文字，上述問題全都能迎刃而解。

有禮貌但不過度客氣的溝通方式一開始或許會不太順利，也可能會讓人覺得不太舒服。畢竟，很多人過去都有類似的失敗經驗，所以工作時習慣不講實話。也許是爲了避免被人批評「你這個人眞是白目」，大家才變得過度小心。

就算是朋友之間，難免也會因爲講話太直白而引起軒然大波，所以大家要不把眞話往肚裡吞，要不就支吾其詞、含混帶過。

沒錯，若不考慮對方會怎麼想就直接衝口而出，確實經常會造成爭吵。但這應該不是因爲你表達了自己的想法，多半是因爲你所表達的內容比較片面、偏頗的關係。這樣的結果會造成你更不敢說出心裡的話。

一旦產生這種感覺，言語表達力就會變得越來越差。而表達得不好，人就會產生再怎麼努力也沒用的負面心態，於是便放棄思考。

然而，不用腦是無法成長的。若不思考並釐清事物、解決問題，心情肯定好不起來。當鬥志日漸低落，工作也會變得無趣，自然就越來越難做出成果。當陷入這種狀態時，就必須立即解放自我。

只要多多練習將情景及感覺轉換爲文字，你很快就會習慣，變得不再那麼抗拒。在轉換時漸漸不再猶豫、遲疑，馬上就能將思想化爲白紙黑字。不知不覺，便能自在地寫、輕鬆地說，在不傷害對方情感的狀態下表達出自己的想法。

到這個地步才能算是眞正接近了所謂「已熟悉言語且能運用言

語」的程度。

就像吃飯、看電視一樣，可以自然無礙地妥善運用言語、文字。對文字不再抗拒、不再遲疑，能夠真正自在、準確地加以使用，這才算是從過度顧慮而麻痺了大腦與感性的狀態中，邁出了一大步。

掌握詞彙的主要意義與涵義範圍

不論是在思想文字化方面，還是溝通方面，都必須注意詞彙的涵義。每個詞彙都有其主要意義，同屬該地區、該時代、該社群團體內的每個人大概都能想像、理解這種意義，而且理解的差異都不大。

就以「早上」一詞來說，通常是指中午以前，絕大部分的人應該都會理解爲「到中午爲止」的時間帶。也許對某些行業的人來說，一直到下午兩點爲止都算是早上，但這些人並非多數，因此，關於「早上是到何時爲止」這點基本上是很明確的。

不過，「早上是從何時開始起算」這點就因人而異了，而且差異範圍可說相當大。凌晨三點就起床工作的大有人在，也有人覺得六點左右開始才算是早上，更有人是睡到超過九點半才醒，而覺得九點半以後才是早上。

相對來說，「學校」、「工作」、「腳踏車」等事物的表達則較具有共通意義。該詞彙所指的事物也許有新舊之分，但不太會產生誤解或爭議。這類詞彙只要附加說明就能明確表達意思。

例如，「那台新的腳踏車」或是「放在儲藏室裡的，是我在小學時騎的腳踏車」，其本身意涵爲單一、固定的。

而「痛苦的」、「悲傷的」、「深愛的」這些表達情感用的詞彙則比較含糊曖昧，對大多數人來說具有某些類似的含義，但不如用來表達事物的詞彙那麼明確，這些只能表達某些近似的概念。

另外，「全力以赴」、「責任感」及「必定執行」等詞彙，對不同人的意義差距就相當大了。依據每個人的標準、價值觀、背景、成功經驗、失敗經驗等不同，這些詞彙所代表的意思也會有很大的差異。每個人都是根據自己的標準來決定詞彙的涵義，只是我們在與人交談時都不太會意識到這點。

所謂的「全力以赴」，對某些人來說是從10點努力到18點，但也有人認爲一天要工作18個小時以上才能算是全力以赴。有人覺得通宵熬夜是理所當然的，也有人覺得不睡覺根本就不合理。而在覺得不睡覺不合理的人之中，有人不懂拼到那種地步有何意義，也有人認爲通宵熬夜會影響隔天的工作效率，因此，即使要全力以赴也絕對不熬夜。

而「責任感」一詞，依每個人的標準不同，可代表從「一切都必須徹底實行的態度，即使賭上自己的名譽與性命也絕對要做到」到「既然不得不做，就在能力範圍內盡力而爲」等不同程度。某些人很可能幾乎從沒考慮過詞彙所代表的意義。

誠如前述，所有的詞彙都具有該地區、該時代、該社群團體內多數人所共同理解的主要意義，以及個人與次群體之間所認知的涵義範圍。而且，依詞彙的種類不同，有些詞彙的涵義範圍比較窄，有的則較寬。

甚至同樣的詞彙其主要意義也可能不同。例如，白色指的不是白色而是灰色，甚至還可能代表了黑色。

因此，我們必須時時思考、更深入理解自己與他人所用詞彙的確切意義爲何？是基於何種意圖而使用這個詞彙？是有意識地使用？又或者只是無意識地脫口而出？而經常思考、進一步深入了解各詞彙分別有怎樣的涵義範圍？與一般的意義有何差距？差距有多大？會因個人差異而產生多麼不同的解釋？

這些問題不僅對工作或私人生活都非常有幫助，有時甚至可說是攸關重大。

正因爲詞彙具有這樣的涵義範圍變化，所以對文字、言語較敏銳，且能針對情境準確運用的人所說的話，就會非常地清楚易懂。當說話者定義明確，我們就能明白理解其內容，每一項說明都能迅速輸入到大腦裡。

這樣的言語、文字沒有模糊地帶，想表達的，都能迅速、精準地被理解。聽話的人不會感到困惑、也不會誤解，能有效地進行溝通。

若你身邊有人說話總是清楚易懂，請務必注意他們的用字遣詞，以及你對其所用詞彙的感受。你一定會發現，他們所說的一字一句總能直入人心。

說起話來看似隨性，但詞彙的選用卻極爲精準，絕不含糊。甚至不只是說明清楚而已，話題內容本身也不會讓人不舒服。即使是在解釋某個全新的概念，也能讓人徹底聽懂，忍不住直呼：「原來如此！原來如此！原來是這樣的啊。」

這種人能精準掌握每個詞彙的意義，以我們所理解的方式運用，並針對意義不同的部分爲我們解說差異所在。他們的話自然順暢且毫無勉強，更不會突然天外飛來一筆。他們不僅詞彙運用精準，看法、論點亦十分明確。而且，多數都事業有成。

畢竟要自己本身不困惑，才不會造成一起工作的人疑惑。這樣才能有條有理地進行所有的工作。

說話不含糊曖昧又態度坦率，更是討人喜歡。採取恰當的說話方式，話也不說得過度，也不潑人冷水，這樣的人當然廣受歡迎，故能成爲優秀的領導者。

他們總是觀念清晰，想說什麼都能輕易地表達出來，也就不會累積壓力。輕輕鬆鬆便能傳達想法、表達情緒，少了壓力，便能以自然的態度溝通，如此一來，對方也能放鬆，人一放鬆就更容易聽懂。這就是領導力的來源。

當我們覺得某人因聰明而事業有成時，其實多半是看到這個人因爲對言語的敏銳，而展露出的高度溝通能力。

那麼，對言語、文字反應遲鈍的人又是怎樣的呢？

這樣的人不僅用字遣詞讓人難以理解，其自身的想法也往往模稜兩可、含糊不清。自己說著說著就會開始動搖，慌慌張張地持續說著沒有意義的話。若沒人阻止，有些人甚至會連續說上幾十分鐘還不罷休呢！

思考要避免淺薄、無效率的空轉

或許有很多人都覺得自己對言語十分敏銳，而且也經常思考。但不論遇到什麼情形都能迅速掌握現況，還能釐清思緒並加以說明，像是「這部分是這樣的，所以變成那樣，其原因應該是……」或者「針對此事應採取這樣的緊急應變措施，而中期則必須那麼做」等，這樣的人卻相當少。

假設以提高團隊生產力的情況爲例：

「為了提高團隊的生產力，我認為應該從縮短開會時間著手。說到開會，使用完會議室之後若不確實清理乾淨，是會造成大家的困擾的。各位每週平均開幾次會呢？開會大概都花1個半到2個小時左右，對吧。開會時，發言的人也總是那幾個，不講話的就都完全不講話。無論如何，請大家一定要出席，一起提高生產力吧！」

這段話簡直是是莫名其妙，令人不知所云。

「生產力」到底是指什麼？說話者根本沒認眞想過該如何統整其發言，所以才會從「提高生產力」起頭，卻以「一定要出席」這樣的行動爲結論，徹底離題。

我們當然還是能大致聽出他想要表達的意思，但這個人顯然平常不太深入思考，所以說起話來非常地情緒化。不僅沒辦法正確地掌握每個詞彙的意義，也沒注意到自己其實越講越離題，根本無法貫徹主題直到結論。週遭若有這樣的人肯定難以配合，工作當然也不可能順利進行。

像這樣說話時重點不明確，不只會讓周圍的人感到困惑，還可能因企圖傳達某些想法而說得太過分，以至於不小心傷了別人的心，或是爲了掩飾尷尬而說了不好笑的笑話，反而讓場子更冷。這樣在人際關係上很容易產生問題。

各位的身邊一定也有幾個像這樣的人存在吧。說不定你自己就是這樣的人？

而論點明確且不離題的人，其發言則會像這樣：

「為了提高團隊的生產力，我認為應該從縮短開會時間著手。目前超過1個半小時的會議佔了所有會議的一半以上。更糟糕的是，費時超過2小時的會議竟然也不少。而我嘗試思考開會時間為什麼會拉長，結果歸納出了以下幾個主要原因：

第一，會議目的不明確，發言冗長沒意義。

第二，討論到一半就嚴重離題。
第三，每個人的發言都非常冗長，而且結論不明確。
第四，大家缺乏會議成本概念，誤以為只要聚在一起談話即可。
那麼，接下來就針對上述各點來思考解決對策：
關於第一點，很多會議的目的其實並不明確，與會者也不清楚該達成什麼，於是發言往往就變得冗長毫無意義。因此，我認為今後要召開會議時，都該明確提出會議目的、討論議題，以及預定結束的時間，這三項資訊。下次我們再依此來檢討改善狀況。接著關於第二點……」
像這樣的發言就很清楚易懂，論點也毫無偏離，從頭到尾都非常明確。如此便能自然地發揮領導力，順利解決問題。一旦成功的經驗增加，這個人就會進一步成爲更優秀的領導者。
因誠如前述，一般人就覺得自己想得夠多，但實際上思慮大多都很淺薄，只是「無效率的空轉」罷了。這不是聰不聰明的問題，其實只是因爲幾乎從沒受過思考訓練的關係。

所謂「思慮淺薄」就如其字面意義，是指想得不夠深入，只想到表面的狀態。正因爲沒有好好想過，所以當被問到「到底是什麼意思？」時，根本說不出話來。

自己所用的詞彙意義爲何？對方會如何解讀？該怎麼說明才好？這些若沒好好想過，發言就漏洞百出。在這種情況下，別說是辭窮了，通常這個人的想法本身就有問題。

而所謂「無效率的空轉」，則是指面對難題時，不深入思考以達到高水準的解決結果，只是在問題表面打轉了事。

例如，以前述的例子來說，爲何開會總是開很久？是哪個部分拖延到了？無法縮短的瓶頸何在？該怎麼縮短時間？只要提出這些疑問並深入思考，便不會陷入無效率空轉的狀態，遲早能找出眞正的問題所在。

然而，很多人對於提出問題這件事總會有所遲疑。在日本，似乎還存在著提問會被視爲不禮貌的文化與氣氛；但在歐美等國則非常盛行問答式的溝通。日本留學生往往一開始對這部分感到不知所措。

不過，暫且撇開猶豫不敢提問的毛病，批判性思考能力低落、想不出要問什麼，其實才是更大的問題。

思考及討論一旦陷入空轉，花再多時間也不會有進展，永遠無法深入，便會流於因襲陳腐的表面功夫。

怎麼會這樣呢？這是因爲我們從小學到大學，幾乎都沒受過任何「深入思考」、「眞正認眞的思考」等訓練。

學校教育在這方面的不足，我已於本書的前言中提過，而事實上，就算是磨練我14年的麥肯錫管理顧問公司，即使在問題的整理、分析以及策略規畫等方面的訓練十分精實，但在「迅速且深入的思考方法」、「保持冷靜、整理情緒，並使頭腦以最快速度運作的方法」這方面的訓練幾乎是付之闕如。或許是因爲麥肯錫認爲這屬於個人技能，是極爲基本、人人都該具備的能力。不過，我覺得這部分的個人差異實在太大，能夠「保持冷靜、整理情緒」的人並不多。

讓思想逐漸深化，找出所有選項，然後一一加以評估並訂出先後順序的訓練，其實就和重量訓練一樣，會越練就越有力。若你能在讀完本書後立刻展開一天10張Ａ４紙的筆記訓練，相信在幾週內，便會眞實感受到有如重量訓練般的成果。

此訓練能讓你在思緒的整理及精準的詞彙運用方面產生大幅度的進步。不論學歷、職歷、經驗、地位，只要經過訓練，人人都能做到。性別、國籍、年齡等差異當然也不成問題。

明明「思考」就是可透過訓練來強化，大多數人卻不知道，依舊讓大腦無效率地拼命空轉著。

當然，這世上確實存在著不需要做這種努力的「思考天才」。以非語言方面的思考來說，專業棋士便是一個典型的例子。專業棋士能預測百步以上的棋步，而且經過多年後都還能記得。不過，這和言語方面的思考不同。

好好思考並適當地運用詞彙來進行溝通，根本不需具備像天才那種程度的大腦。所有人都能透過訓練，擁有比現在深入數倍的思考力，且能準確地理解並運用詞彙。

「沉思默想」與「只說不想」都是行不通的

讓我們稍微換個角度來看，有個詞彙叫做「沉思默想」。像這種自己一人全神貫注地思考，就只是想著這也不對、那也不行的方式，是很難有所進展的，通常只是在浪費時間而已。

沉思若是能越想越深入也就算了，但多數人沉思時，都只會冒出一些點子或是不安的情緒，不久便消失，接著又想到一些，然後又消失，幾乎無法具體成形。由於沒寫下來，便無法累積，思緒也就沒辦法再更深入。

即使心有不甘地上網搜尋相關資訊，往往還是找不出好點子，陷在焦慮不安的情緒之中。就這樣不知不覺地過了一、兩個小時。

覺得某個點子不錯，搜尋了半天又覺得似乎不是那麼一回事兒；再繼續搜尋，卻開始覺得也許別的點子比較好；可是再多查一查便又發現明顯缺陷……一個人悶著頭，翻來覆去地想不出結果，彷彿陷入無限迴圈當中，筋疲力盡之後又回到了原點。

另有一種人則是一想到什麼就馬上跟別人說。什麼都說，毫不保留。一旦把想法說出來，自己也會有新發現，常常一邊說，一邊就想到了新東西。

這方法確實有其好處，畢竟說出自己的構想，某些程度也能了解他人的反應。不過，接下來就該改變模式不要繼續說話。而是將到此爲止的想法先都記錄下來，並進一步驗證假設，如此多半能早些獲得結果。

像這樣透過書寫記錄來整理思緒，然後再嘗試說出來，其實就是PDCA（規劃、執行、查核、修正）的快速循環。

在對人說話時有一點必須注意，若能沉穩冷靜倒還好，要是很情緒化那就不妙了。發洩情緒、語無倫次的發言確實暢快，發洩完了就留下一句「謝謝你花時間聽我講！」或者「我又產生鬥志了，我會繼續加油。」這樣對方可是受不了。次數多了，再怎麼要好的夥伴也會漸漸對你敬而遠之。更糟的是，這樣你永遠學不會如何獨立思考、釐清問題、找出正確方向等重要技巧。

所以我建議，把自己所想的全都寫下來。只要將你的思考步驟、浮現於腦海的東西統統記錄下來，基本上，就能避免陷入無限迴圈，也能避免流於單純的情緒發洩。當你看到自己寫下的內容，自然就會往前邁進，想法便能輕鬆地有所進展，而這是每個人都做得到的。

面對「如何能縮短會議時間？」之類的問題，憑空思索容易陷入無線迴圈，但若能寫下你所想到的，就能釐清現狀。分析會議時間拖延的原因，並舉出多個縮短開會時間的方法，具體列出改善行動。

在記錄想法時，若是過度斟酌用字遣詞，思慮便會中斷。故對於浮現腦海的詞彙請不要想太多，陸續寫下即可。也有不少人會覺得「要是做得到就不會這麼辛苦了」，而一心認為自己做不來。但其實這眞的不難，只要下定決心便能立即做到。說穿了，也只是習不習慣的問題罷了。

在讀完本書之前，我保證你必定能達到一定程度，腦袋想要有多靈活就有多靈活。

將煩惱發洩到一定程度後，心情就會變得輕鬆，點子便會開始冒出，思想也會更深入，之前看不到的全貌也能漸漸浮現眼前。

所謂更容易看見全貌，換句話說，就是「了解整體狀況」、「清楚目前的方向」、「能釐清整體結構」。

以資料文件來說，這就相當於「有了目錄」，亦即已達成系統化處理，能知道一開始說了些什麼？接著說了什麼？繼續是什麼？最後又是如何總結？

如此一來，你的思緒就變得更有條理，也能減少思考上的缺漏，溝通對象也會覺得你的想法清楚易懂。

就像撰寫企劃、提案、報告等文件時，常常一開始毫無頭緒、痛苦萬分，但只要想辦法訂出大綱，之後點子便會源源不絕，下筆有如神助。這樣的經驗想必很多人都曾有過。而本書所介紹的，正是能夠有意識地進一步加速此過程的思考鍛鍊技巧。

第2章

你可以做到零秒思考

不是多花時間，思想就能深入

有些人就喜歡爲了重要的議題花一整個下午，或是徹夜開會到清晨。總認爲要徹底討論才行。某些公司的標準行事風格便是如此，即使是必須比傳統大企業更重視效率、珍惜時間的新興企業，很多也不脫此模式。

然而，這類會議是否具高生產力？是否有抓到重點？是否能精準掌握現狀並做出決策？是否能立即採取行動？一切很令人懷疑。

開會確實能讓人以爲自己有在工作，徹底討論會讓人覺得一整天都過得好充實。但，如此眞的有辦法達成企業所需的決策品質嗎？這就不一定了。

花一整個下午的時間，或是從傍晚到深夜，還可能一路討論到天亮。這樣的會議即使只計算與會者的部分，其會議成本也夠驚人了，更別說得花多少時間才能恢復消耗掉的體力與精神，更何況還有沒參加會議討論的部屬被丟在那兒空等。雖然做主管會覺得「部下們應該在做自己的工作才對」，但越是重要的會議，在做出明確結論之前，工作是很難有進展的。

更糟糕的是，當主管們因爲參加管理培訓活動、願景會議等，而長時間不在座位上時，亦即所謂「山中無老虎，猴子稱大王」，部屬們很容易就會發呆打混，幾乎不工作。而越是嘮叨碎唸、沒有適度將權力下放給部屬的主管，就越容易造成這種狀況。

那麼，整個組織到底要耗費多久時間，才能回復到一般的運作速度呢？

這眞是令人想都不敢想。在回復到一般運作效能之前，所損失的數百小時工時，全都無法挽回。

我不認爲只因爲主管們喜歡長時間開會，就可以將這樣的浪費合理化。最重要的是，討論內容並不會因爲花的時間越長就越好，反而會因此而變得極爲粗略、含糊。參與討論的人或許情緒激昂、精神振奮，但內容好不好又是另一回事了。並不是多花時間，思想就一定能深入。

個人的工作也是一樣。尤其文書類工作，多半都是在煩惱、苦思的無限迴圈中浪費了許多時間。「這樣好了。不，還是那樣做吧！」「這麼說的話，老闆不知會有什麼反應⋯」等等，苦惱個沒完沒了。

兩週後與客戶開會要用的企劃書不知該怎麼寫才好；好不容易決定了，卻又忍不住想改；目錄、整體結構的處理也都好費工；弄了幾天總算生出了草案，卻怎麼看都不夠滿意，於是又重寫了好幾次；上次被老闆臭罵至今還記憶猶新，怎麼也不敢去找他討論。就在這樣來來回回的猶豫不決之中，竟又開始煩惱標題是不是夠恰當。唉～只剩兩天了，又得熬夜了……想必各位一定也有類似的經驗吧？

完全沒這種經驗的人眞的是非常優秀。不過，就我所知，絕大多數的人或多或少都是一邊煩惱一邊摸索地做著工作，抱著焦慮與不安緩慢前行。偏偏在這方面，上司及前輩們不太會幫忙，他們只會在事後批評。大概沒人會仔細地教你思考程序，教你如何能想得更周全、企劃得更完善，所以你的工作品質當然也不可能大幅提升。

然而，這不論對公司或對個人來說，都是很大的損失。與輕不輕鬆無關，重點在於這種方式無法讓人眞正成長。而無法成長的人生，就絕對不可能快樂。

可怕的是，最近因爲工作績效不彰而失業的風險急遽升高，即使滿心慶幸這次沒被列入裁員名單，卻難保下次能全身而退，更何況公司也有可能經營不善而倒閉。到那時候，若還是以如此悠閒懶散的方式做事，要再找到新工作的機率可就非常低了。

能幹的人、優秀的管理者一定都決斷如流

誠如前述，很多人都是慢慢地思考事情；卻有少數優秀的人能夠高速思考，故能大獲成功。這些人一分鐘都不浪費，迅速收集資訊、做出決策，接著便以閃電般的速度採取行動。即使是相當有分量的企劃書也能以驚人速度完成，而且只要多花些時間，就能將內容修改得盡善盡美。

只不過這種人眞的是鳳毛麟角；多數人還是要花很多時間才能做到，而且不論匆不匆忙，想法都不夠深入。就算給他們兩倍的時間思考，也不可能想出好上兩倍的內容。

爲什麼會產生這樣的差距呢？

原因之一，就是前一章提過的缺乏訓練。如何能夠有效率地做事？如何能快速統整、分析、深入挖掘思緒，並且將之整理得清楚易懂？如何動員身邊的人，好一口氣做出成績？這些訓練不論在學校還是在公司，幾乎都沒有。

新進員工最常被教導的就是文件的寫法，與商業禮儀之類的技巧，但迅速掌握資訊、整理問題、構思解決方案等，與「思考」有關的基礎能力，則大多隻字未提。

即使是在我曾經任職的麥肯錫顧問公司，工作表現傑出的人也是本來就有天分，然後再加上傑出前輩的親身傳授，亦即以師徒制的形式來傳承技巧。一旦被視爲沒能力，便不太會獲得被傳授的機會，只能帶著「普通人」、「無能者」的烙印。

要是具有一定程度的資質，又有機會展現出來，或許能幸運地被歸列爲有能力的那一組；若情況並非如此，要力挽狂瀾可就難上加難了。雖說也有特別努力、費盡功夫而能夠成功成長的人，可是一開始的衝刺眞的是相當重要。

還有一個原因，則是缺乏生產力的概念。如何提高工廠的生產力這種事，幾乎每家公司都在做；對於撰寫企劃案、寫報告、處理電子郵件的往返溝通等文書工作，生產力這個概念至今還不普及，也因此都還看不到什麼系統化的努力。

工作太慢確實可能會被罵，但依據執行者及工作內容不同，完成工作所需的時間當然也不太一樣這點，可說是多數公司都有的潛規則。大家對於製造成本是以一元甚至比一元更小的單位來管理；對於思考速度、決策判斷的快慢、大腦的運作能力等，卻不那麼講究。

甚至還有人認爲，只要多花時間，或者只要耐心等待，就會冒出好的構想，天眞地以爲點子會從天而降。有如天啓般的靈光乍現當然不是不可能，卻是指非常努力的人在徹底思考後撞上了極限之牆，然後某天才突然看見了牆壁另一頭的藍天。天啓只會降臨在眞正拚命努力的人身上；就努力程度一般般的人來說，這只是妄想罷了。

大家都希望花在思考上的時間能與做出來的成果呈正比；可惜的是，對大部分人而言，思考時間與輸出量、輸出成果永遠不成比例。快的人總是快得驚人，慢的人則慢到令人難以忍受。

此外，若觀察管理階層便會發現，有很多人，尤其是優秀的人，都是決斷如流的。若是應謹慎討論的事項，或是討論對象、利益相關者較多的情況，當然就進行程序來說會格外仔細，但心態上還是會速速做出決策。不管再怎麼苦惱A方案、B方案、C方案，其各自的優缺點仍然清清楚楚地條列在腦中。

那麼，優秀的管理者、領導者，到底爲何能夠如此果決呢？

因爲他們平常就一直在思考問題，而且勤於收集必要資訊。不僅時時保持敏感度，豎起天線隨時接收訊息，還保有該領域豐富的專家人脈。這些人會有許多可信賴、可商量的對象，也經常思考最好與最糟的狀況；或是在何處施力會造成什麼樣的結果等，對於相關的競爭動向亦是瞭若指掌。由於總是處在備戰狀態，所以發生什麼都不會驚慌，還有足夠的餘裕能夠謹慎、正確且迅速地思考並展開行動。

換個方式解釋，也就是他們不論面對什麼，都已有「這件事應該是這樣處理」之類的假設。有了假設之後便進行驗證，驗證後若發現有錯誤，就要立刻修正。如此便能達成超高速度，但又不致走偏的思考方式。

例如，若針對以女性爲目標，而設計的智慧型手機算命App，做出如下假設：

「住在iPhone持有率高的都市區域，其25到30歲的女性使用者，瀏覽算命類內容的時間，可能是在回到家並稍事休息9點鐘以後的時段。因此，若要提高App啟動率，可考慮以該時段為目標來設計算命內容的限時促銷企劃。」

那麼，試問：

1. 在都市25到30歲的女性，其iPhone持有率眞的很高嗎？這可透過網路搜尋的方式確認，也可以立刻打電話給該領域的專家做確認，或是直接訪問多位25到30歲女性使用者，以聽取其意見。透過此程序便能了解目標使用者的想法、價值觀、行爲模式等，藉此掌握該市場狀態。
2. 目標對象鎖定在都市區域的25到30歲女性，這是可行的嗎？這些人使用算命App的比例眞的很高嗎？這可透過網路搜尋或聽取專家意見的方式確認。
3. 目標使用者瀏覽算命內容的時段眞的在9點以後嗎？可透過訪問使用者等方式確認。另外，目標使用者使用iPhone的時段，除了透過聽取使用者意見的方式調查之外，也應該上網搜尋相關的市場調查資料。

4. 請教熟識的App開發專案經理，並分析自家產品的相關資料，藉此了解目標使用者較容易對什麼樣的促銷有反應，並驗證假設。從經驗來看，事實經常與想像的不同，一旦發現差異就要立即修正。

雖然我說過迅速果決的人很多都是管理階層，但不論是契約員工還是兼職人員，也同樣存在著這樣的人。厲害的人就是很厲害，畢竟人類本來就是很聰明的生物啊！

終極境界就是零秒思考

將模糊的感覺化爲文字，深化思想；不僅能讓思慮有所進展，更能逐漸提升思考速度。原本要花三、四天思考的事，變成只需幾小時就能搞定。有些本來要花一個月才能完成的專案，也可能一週便結案。也就是說，生產力能增加數倍到數十倍不等。

釐清問題、看透問題本質、想出根本的解決方案與選項之後，便立即掌握各選項的優點與缺點。亦即能針對問題的本質與整體狀況，採取確實有效的應對策略。

這樣的思考「品質」與「速度」之終極境界，就是所謂的「零秒思考」。

零秒，就是能立即掌握現況、立即釐清問題、立即想出解決方案、立即決定該採取何種行動。猶疑困惑的時間爲零秒，煩惱憂慮的時間也是零秒。

雖說大部分的時候都能如字面所述，立即完成；但有時也可能需要稍微多花點時間。即便如此，速度也會比以往快得多、快得驚人。你可以瞬間判斷出眼前所發生的是什麼事情？什麼現象？判斷後能立即想出許多不同的應對方案，並且比較各方案的優缺點，再立即做出更適當的決策。

此外，平常就在思考企劃案或進行業務規劃的人，之所以能夠應付突如其來的變化，就是因爲具備「零秒思考」的能力。

這些人能夠自然而然地預測狀況，即使不是非常明確，至少也能立刻掌握大致方向。和那些不停花時間收集資料並延後判斷、猶豫不決、被焦慮感追著跑而忍不住對部屬大呼小叫的人完全相反。

看見蘋果落下便靈光一閃的牛頓故事也是同樣的道理，正因爲平常就一直在思考相關問題，所以才能在瞬間湧出靈感。

又像是在美國職棒大聯盟的鈴木一朗，他不僅打擊能力傲人，守備能力亦十分出色。在打者揮棒的瞬間，他應該就已依據投手的球路、球的撞擊聲響、球的擊出方向、風向與風速等所有資訊，判斷出該往哪個方向跑。畢竟若再多想個0.5秒，或許就無法飛撲接殺低空掠過的平飛球。

早從遠古時代，當人類在大草原上遇見獅子時，就必須立刻決定是要用長矛跟牠搏鬥、或是以最快的速度逃命，還是呼叫夥伴。生死關頭完全沒時間猶豫，眼前的獅子早已亮出利牙，即將直撲而來，在這情況下什麼都不做只會被吃掉，而人類正因爲能瞬間想出應變對策、比較其優缺點，然後立即判斷並採取行動，才得以倖存至今。當時的人類想必不會像現代人這樣東想西想、猶疑不定。畢竟若是稍有遲疑，就會在生存競爭中敗下陣來，應該早就滅絕了。

我想說的是，其實人類原本就具備優秀的判斷力、思考力及行動力，但也許在懶散拖延也能安全過關的安逸環境、鶴立雞群容易招妒的群體性社會、不與周遭摩擦的行爲模式、一再告誡我們要三思而後行的前輩們、填鴨式的學校課程，或是要求舉止有禮的保守家庭教育等因素的綜合影響之下，才使得我們這方面的能力被遮蓋，甚至逐漸退化。

尤其是一般的學校教育特別重視記憶，以及一些爲了能在考試中獲得高分的枝微末節，使得大家不去增進智慧、強化原本的思考力和判斷力，反而是依據僅適用於有限考試範圍的特殊技巧，和熟悉度來決定分數。像是把數學的公式、定理及其證明方法硬背下來、針對會回答的問題先作答、從可能的答案倒推回去、依據往年的題目來推測該年度的出題趨勢，然後進行密集練習等。

這樣的教育所培育出來的人，幾乎都過度在意他人的看法，陷入在我是有能力的／沒能力的、優秀的／不優秀的、聰明的／不聰明的、被稱讚的／不被稱讚的等想法中，無法發揮天生的潛能，宛如被緊箍咒牢牢束縛。

若是如此，只要能擺脫這種過度介意的心態，鬆開緊箍咒以解放僵硬的頭腦，想必任誰都能充分發揮原有的高度能力。

如此令人惋惜的情況難道無法有所改善嗎？我不認爲。因此，經過深思熟慮，我便逐步設計出鍛鍊思考力的「筆記訓練法」，容我稍後說明。

零秒思考與資訊收集

即使是「零秒思考」，一旦碰上資訊不足的情況，當然還是必須進行最基本的研究調查與資訊收集；否則，便會缺乏思考的基礎，流於胡亂猜測。對於問題及解決方案若沒有相當程度的背景知識，判斷就容易偏頗，有時甚至可能會嚴重誤判。

平常就必須豎起天線隨時接收訊息、維持敏感度，並對各種事物都抱持興趣。倘若這樣還是不夠，就要進一步調查、請教熟知相關事務的人。

習慣之後，就能在兩大方面培養出相當程度的直覺。其一，自己是否擁有做出適當判斷所需的必要資訊。也就是知不知道該往右還是往左？是否有判斷選A方案、B方案還是C方案的能力與情資？自己是否握有關鍵情報？當情境不同時，該下怎樣的判斷等。假設總共有五種必要的資訊、知識，那麼這些資訊、知識之間是否相互關聯？若是相互關聯，怎樣的關聯性是可行的？怎樣的關聯性是不可行的？這些也都能夠充分掌握。

其二，擁有的資訊不足時，該如何、從何處取得關鍵資訊的直覺。只要具備高度的批判性思考能力，那麼對於自己目前知道些什麼？不知道些什麼？若有需要，該去哪裡取得自己不知道的資訊？可以去問誰？還有即使現在不收集，需要時該如何深入挖掘相關資訊？便能有大致的概念。

不過，問題是大部分人都查過頭了。上網搜尋、參加業界活動、看書、進行這也不行那也不可沒有結果的討論，甚至還到網路上的相關討論群組，把過去的討論記錄鉅細靡遺地讀過一遍，甚至花費好幾個星期的時間不斷調查。仔細調查固然是好事，但一味地耗費時間，很容易就拖延了判斷與決策。

若延後能提升決策的品質也就算了，偏偏大部分時候並非如此。這是因爲大家不太會在做出「由於是這種問題，所以應該馬上做出這樣的處理」之類的假設後，立即收集相關資訊來驗證，藉此提高假設的精準度。多數時候都只是過度忙於資訊收集，卻造成判斷延遲、損失擴大，結果根本無法建立任何有效對策。

聽到上述說法，或許有人會問：「要迅速做出決策應該要收集多少資訊才合理？這點總是很令人困惑。我常常被上司指責，被問是否眞的徹底調查過了？搞得我越查越焦慮。」

這時我會回答：「請針對目前所思考之課題、問題的假設，提出三種可能的解決方案。然後，分別列出各方案的優、缺點，有了大略的概念後，再著手收集資訊，就能以行動導向的模式迅速推展。」

或者當我問到：「即使不收集資訊，在某個程度上，你應該也能想像得到應該要怎麼做，對吧？」對方通常會回答：「是啊。我大概知道該往哪個方向進行。」即便如此卻不接受挑戰，而是先收集資訊，試圖延後判斷；這只會讓人覺得，似乎是爲了將令人痛苦的決策工作延後，所以才一直持續不斷地收集資訊。

就我所知，已累積一定實務經驗的在職人士對於問題所在、該如何處理等方面，即使不是百分之百確定，也都大略有個概念。但由於未曾有過充分的具體化訓練，才會不知所措。一心認爲必須先收集資訊，再加上害怕上司的斥責與嘲諷而不敢發表意見，於是就只願意採取繼續收集資訊的安全策略。尤其是越大的企業，來自各部門的力量很大，批評會從四面八方湧來，吹毛求疵的人也很多，更會加重過度收集資訊的問題。

然而，只要平日都有豎起天線接收訊息，要知道必須握有哪些資訊才能迅速決定該往右走還是往左走，其實並不如想像中困難。一般正常人，亦即大多數人都能發揮相當的直覺力；會造成阻礙的，其實是過去的慘痛經歷、上司的斥責、跨組織造成的效率低落、官僚作風所帶來的重視形式觀念，以及偏離實務等問題。

當然，只靠現有資訊來建立假設、提出策略，確實需要一點技巧，也需要給自己一點壓力。你必須忍住「我還想要更多資訊，目前的資訊仍不完整」的藉口，且培養大膽提出假設的習慣。光是這麼做，就能大幅提升假設的建立速度與品質。

這看似困難，卻能夠迅速應付不得不面對的問題所帶來的成就與進步，反而能有效降低壓力。

任誰都有拖延的欲望，那是難以抗拒的誘惑，不過，提前處理無疑是較好的做法。早點處理就能避免爲時已晚的遺憾，早些著手也比較容易改善。與其重視資訊收集而造成一切都太遲，還不如趁早解決，你的心態才是關鍵所在。

必須注意的是，有些人會以重視速度爲藉口，隨便調查或是根本不做調查、不諮詢專家、也不豎起天線接收訊息，就這樣毫無準備地貿然行動。亦即完全忽略「快速收集資訊、考量整體情況、建立替代方案、研究比較，以及下決定後全力執行」的基本動作；僅依據有限資訊、個人喜好、過去經驗等來判定並行動，這是非常危險的。假設終究只是假設，其可信度也只是程度問題；我們至少要對所提出之假設的基礎依據，進行立即的檢驗、確認才行。

透過寫筆記的方式來培養零秒思考力

培養零秒思考力最快、最好的辦法，就是透過「筆記訓練法」。

在我剛進入麥肯錫顧問公司時，前輩給了我許多關於訪談技巧、分析方法、團隊管理等方面的實用建議，當時的我將這些建議一字不漏地全部筆記下來，並藉此徹底理解、內化這些技巧。而這個「筆記訓練法」便是在此過程中誕生的。

當自己寫了數千張的筆記，也讓許多人寫下筆記之後，我才逐漸意識到，寫筆記能讓人擺脫過度介意他人看法的心態，更誠實地進行思考。而關鍵在於，必須在一分鐘的時間限制內，毫不猶豫地迅速寫出相當數量的筆記。

「筆記訓練法」是一種能解放僵化腦袋的理想柔軟操，是一種能鍛鍊腦力的簡易辦法。只要將浮現於腦海的疑問、想法立即寫下，便能讓頭腦不斷運作，同時有效地整理情緒。你將不再自縛於他人觀感，不再煩惱困惑。透過「筆記訓練法」，任誰都能快速達到這種境界，你的思考速度會快到連自己都感到驚訝不已。

其具體做法就是將A4尺寸的紙張橫向平放，然後一件事情寫一張，每張寫四到六行，每行20～30個字，並於一分鐘內寫完一張，每天各寫10張。也就是每天只要花10分鐘進行筆記訓練即

筆記 1

若我是部屬，我希望上司怎麼指導我？　2013-12-1

- 希望上司能明確指派任務給我。
- 希望上司能針對我的任務，給予具體的行動指導。
- 希望上司能回饋意見，明確地告訴我有哪些部分獲得改善了。
- 希望上司能清楚明白地告訴我怎樣叫好、怎樣叫不好。
- 希望上司能激勵我。
- 希望上司能給我回饋，讓我有自信，認為自己或許也能做到。

可。就像**筆記1**那樣（本書是以破折號「—」為開頭的項目符號，以代表「行」）。

各位或許會覺得寫出這麼普通的內容眞的有用嗎？然而，簡單、輕鬆正是此練習的重點所在。

筆記1是由日本某大型物流公司的區總部業務負責人所寫的，其部屬人數約有一千名左右。這位主管極為優秀，平常的溝通應對也都非常理想，但對部下卻總是動不動就大吼大叫。

他對我說：「咆哮怒罵只會讓部屬害怕、退縮，一點好處也沒有。」但實際在面對部屬時，他卻總是忍不住大呼小叫。為了有所改善，他便寫下了**筆記1**的內容。

他一開始想到的標題是「若我是部屬，我希望上司怎麼指導我？」。於是便依此寫下六行，而這些內容都相當不錯。

—希望上司能明確指派任務給我。

—希望上司能針對我的任務，給予具體的行動指導。
—希望上司能回饋意見，明確地告訴我有哪些部分獲得改善了。
—希望上司能清楚明白地告訴我怎樣叫好、怎樣叫不好。
—希望上司能激勵我。
—希望上司能給我回饋，讓我有自信，認為自己或許也能做到。

這樣的內容沒什麼可挑剔的，對於指導部屬的方法，他顯然有著非常精準而正確的理解。

但他不太清楚自己爲什麼動不動就對部屬大呼小叫，也不懂爲何總是控制不住自己的怒氣。不過，以「若我是部屬，我希望上司怎麼指導我？」這個標題爲開頭寫了十幾張筆記後，他開始注意到「大聲怒罵已成了自己的一種溝通方式。而明明知道咆哮只會讓部屬恐懼、退縮，自己也會心情不好，毫無益處；卻還是無法控制自己。」

除此之外，這位主管還寫了其他幾個標題的筆記，包括：

—我想成為怎樣的領導者？
—要是上司對我大聲咆哮，我會有何感覺？
—被大聲訓斥的人的心情是怎樣的？
—我何時會想要破口大罵？
—大聲咆哮後有什麼感覺？
—何謂情緒失控？
—我較常對誰咆哮？
—我不會對誰咆哮？

針對上述這些標題，他也分別寫了不少相當有深度的內容。依此方式寫了10分鐘左右的筆記後，對於多年來令自己苦惱不已的情緒失控問題，他有了深入的理解。一直以來都沒人告訴他造成這種行爲的原因，也無法找人商量，不知該如何是好，而現在終於能夠有所理解，可說是朝改善的方向邁進了一大步。

「筆記訓練法」要求你每天寫10張，每張在一分鐘內寫完；亦即每天只花10分鐘，不需額外費用，就能立刻有效整理思緒與情感。此訓練不僅能實際解決行為上的問題，甚至能改變行事風格。

連續進行三星期到一個月左右的筆記訓練，腦袋便會開始浮現越來越多的詞彙，甚至讓你來不及寫。一個月前還理不出頭緒的事，現在已能用明確字句表達，點子接二連三地源源不絕。手寫速度開始趕不上思考速度，即使一邊覺得煩躁，一邊仍持續寫個不停。

若再持續訓練幾個月，就能瞬間看清事情的全貌，接近「零秒思考力」的境界。依據所面對的事情不同，你可以立即看出關鍵要點、馬上釐清問題，或是瞬間看出答案。而這樣的變化，與性別、年齡、經歷等完全無關。

寫筆記的功效

寫筆記可以整理思緒

幾乎每個人都會有以某種形式在記錄筆記，包括使用筆記本、記事本、活頁簿、便利貼、便條紙，甚至是使用電腦裡的記事本軟體、Word來寫東西。除了會議時間之類的預定行程之外，每個人都會思考某些事情、想到某些事情、討厭某些事情，也會打算採取某些行動；姑且不論是什麼形式，只要將這些事情寫成筆記記錄下來，便能降低不小心忘記的機率，在某個程度上，這也有助於整理思緒。

寫筆記已有多年經驗的人，應該都會運用各式各樣的小技巧；

像是以紅、藍、黃等不同顏色的螢光筆標上顏色，或是將筆記本頁面分隔成左右兩區來使用。又或許還有很多人覺得目前的做法仍不夠完美，故總是持續摸索著各種方法。而我自己也在這方面下了不少功夫，所以很能體會那種感覺。

不過，我想建議各位做的，是如前一節所介紹的，將A4尺寸的紙張朝橫向平放，然後一件事情寫一張，先於左上方寫上標題後，每張只寫四到六行，每行20～30個字，並於一分鐘內寫完一張，每天各寫10張。

透過這樣的筆記撰寫，那些雜亂無章的思緒、懸而待決的問題及構想，都能獲得整理，你會感覺到無比清爽暢快。將模糊的想法轉化為明確的文字，然後用手寫出來，以眼睛確認，讓筆記成為你的外部記憶裝置；如此一來，大腦的運作便會有驚人的改善。人類的大腦容量其實沒那麼大，一旦因某事而分心，就無法妥善運作。

寫筆記不僅能使大腦運作更好，還能讓所有在不知不覺中思考的事情、在不知不覺中學會的事情，亦即所謂的「內隱知識」明確成形；也就是將之轉化爲「外顯知識」。這時你才會意識到，原來我一直以來都是這樣想、這樣做的。

其重要之處在於，當你要吩咐部屬或團隊成員做某件事時，就不會再做出「總之做了就是」或「我也不確定，但就這樣先進行吧」之類的含糊指示，且能夠清楚說明具體的做法。你將能輕鬆傳達要點爲何、必須避免什麼問題等相關技巧。與朋友或長輩談話時，也能夠更具體、更清晰，溝通也變得更加順暢。

再次強調，我認爲每個人潛力無窮，只要經過訓練，大腦就能充分發揮作用。教育當然也很重要，但不論教育程度如何，我們都是聰明的。近代學校教育的歷史不過百年左右，在此之前，人類就是運用本身的智慧成功地存活至今。

但是，若不懂得妥善運用這與生俱來的智慧，問題就嚴重了。原本具備瞬間判斷力而能在殘酷的大自然中倖存下來的人類，卻因爲學習了不完整的知識、被上司指責、顧慮前輩等，因而喪失了自信，造成大腦無法有效思考。

正因爲人類的腦無法與心徹底切割，一旦心亂了，腦就不管用了。當思緒陷入無線迴圈，明明差一步就能到位，卻又退回原位，總是拿不定主意。這樣的狀況會形成壓力，結果導致腦袋更加不管用。

這實在很可惜。一定要想辦法讓人類可以發揮原本的能力，使大腦有效運作。抱著這樣的想法，我便開始朝各種方向嘗試。

包括閱讀書籍以尋找答案，或是和許多人討論。我試著寫筆記，用A４尺寸的紙張、京大式的B６尺寸資料卡、便利貼來寫，試過各式各樣的方法，一旦發現成效還不錯的做法，就會建議別人也試試。

經過無數次的嘗試，結果發現「用A４尺寸的紙張寫筆記」是最能有效整理思緒。很多問題都可能透過「用A４尺寸的紙張寫筆記」來輕鬆解決。只是將想法寫成筆記，就能減少煩惱，讓人撥雲見日，看清前方的路。只要將一件事情寫成一張，逐步傾洩心中想法，任誰都能實際感受到混亂在不知不覺中消失，思緒變得條理分明，大腦開始順利運作的暢快感受。

寫筆記可以建立自信，讓人更積極向上

寫筆記最能令頭腦清醒。只要將浮現於腦中的事物、猶移不決的煩惱全都轉換爲文字，混亂幾乎都會消失。這時不論是令你憂慮不已的惱人事務，還是讓你放不下心的頭痛問題，都能被理出

筆記 2

這次的專案說明會議不知能否順利成功？　2013-12-1

- 該做的都做了。
- 不過，似乎還需要再對一個人做事前說明會比較妥當。
- 外部合作夥伴都協調過了，應該是沒問題。
- 準備好的簡報檔能否正常運作？
- 明天再排練一次好了，終究還是最擔心簡報的部分。

頭緒，顯露出眞正重要的部分。就如上一頁的**筆記2**所示。

在對專案說明會議憂慮不已時，只要寫一張以此爲標題的筆記，便會覺得「原來我最在意的是簡報是否會順利。簡報會不會順利呢？那就再排練一次好了。」要是一張解決不了，就以類似標題再多寫幾張，肯定能排除混亂。這眞的只需要短短幾分鐘的時間就好。

而**筆記3**則是以「爲何心情不好」爲標題的筆記。從該筆記的內容可知，寫的人就是直接記下浮現於腦海的想法罷了，未做任何過濾、檢查。筆記裡寫

筆記 3

為何心情不好？ 2013-12-1

- 今天一早開始就心情很不好。
- 明明平常都不會這樣的。
- 是因為課長在昨天的會議中透露的新專案嗎？
- 要是該專案真的啟動，那傢伙應該也會參與吧？
- 想必是如此。這樣的話，肯定又會發生什麼麻煩事。
- 原本都很平靜的。我一定是因為這件事才變得心情沉重。

的全是他當時所感覺到的、想到的。當然也是在一分鐘內寫完。光是這樣，就足以讓人注意到好幾項在寫筆記前沒能察覺到的事。經常有許多進行筆記訓練法的朋友事後驚訝地對我說：「我想都沒想過自己會寫出這樣的內容，原來我的腦袋在想這些事啊！」

若平時就多多記錄這種筆記，往往能意外發現重要的事情。真正的重點所在、自己在意的部分、刻意忽略的事情等，都會在無意間、不知不覺中、突然地就被寫了出來。而這就是關鍵所在。

一直以來，睜一隻眼閉一隻眼地忽略、故意不去想但其實非常在意的事情，都會清楚地一一浮現在腦中。一旦看清楚重要的部分，就比較容易辨別哪些是不重要的，很自然地便會忽略重要事項以外的部分。雖然那些部分並不會完全消失，但你會開始覺得其實問題不大，至少現在不必去在意，就算在意也沒用，然後便漸漸變得更專注、不再分心。

一旦進入此狀態，就比較能專心思考重要問題，在解決問題方面便容易有所進展。而拖延決策的現象也會減少，便能在事態惡化之前及時採取行動，及早解決問題。這樣不僅不容易陷入惡性循環，往往還能獲得理想成果，讓人越來越有自信。總之，專注是最重要的，只要不分心，壓力就會降低，心情也會愉快。

透過寫筆記的方式了解自己目前的處境，迅速釐清眼前的難題，先後順序會自動變得清楚明白，就能快速解決問題，進而進入良好循環。接著，我們與生俱來的自信與積極態度便會自然顯現。

寫筆記可以平息怒氣

心情不好的時候，若能將一切都寫成筆記，就會非常輕鬆暢快。例如，直接寫出對方的名字，假設是山下先生，那麼你就清清楚楚、毫不遮掩地寫下以「山下先生爲什麼老愛罵我」爲標題的筆記。

接著，再一口氣寫出下列各標題的筆記。

——山下先生是以什麼樣的心態在罵我？

——他都會罵哪些人？又不罵哪些人？

——罵完之後，山下先生有何感覺？

——罵完後的隔天，山下先生的態度如何？

——山下先生會對哪些部分有反應？

——該怎麼做才能避免讓山下先生不開心？

——山下先生會在什麼樣的情況下罵人？

——被山下先生罵的時候，我有什麼感覺？

——我有什麼不對的地方嗎？

——我也有該改善的部分嗎？

——山下先生的優點是什麼？缺點又有哪些？

——山下先生容易動怒，會不會是因為自卑感作祟呢？

——有誰是山下先生信賴的朋友？他們是如何相處的？

——怎樣才能和山下先生和睦相處？

這樣總共是15張，要在15分鐘內寫完。而在短短15分鐘後，你的心情就會變得平靜許多。

因爲在辦公室所發生的事而心情不好的人，請一定要嘗試像這樣寫出10～15張的筆記。你可以毫無顧忌地寫出對方爲什麼做出這麼過份的事、是多麼惡劣的人等，完全不必客氣，反正這筆記沒有要給任何人看。連人名都不必省略，就直接寫出來，就算是用文字臭罵對方一頓也可以。

詭異的是，當你寫出來後，心情就會平靜下來。雖然寫了這麼多壞話，但以一件事一張紙的方式寫完總共10～15張，整個人反而變得神清氣爽，同時還能看到自己的過失，這都是一開始無論如何你都無法察覺到的。原本一心認為「絕對無法原諒、真的太過份」的事情，此時卻能以較客觀的角度看待，這轉變真是非常不可思議。

我認為寫筆記之所以能平息怒氣，是因為可以不在意他人眼光、毫無顧忌地暢快抱怨，並且仔細檢視自己所發洩的內容。這過程能讓人對自己的狀況變得客觀，看清楚造成目前情況的真正原因，便能更進一步掌握應採取或不該採取的行動。

有些人一寫就上手，有些人則需要反覆練習，但終究都能夠漸漸學會。學會以後，就能減少過度憤怒的情況，也不會被他人激怒。即使是非常嚴重、不合理的狀況，依舊能冷靜應對，不會有情緒化的反應出現。

此外，對於自己原本的極端想法，像是「我才不要聽他說的任何話，絕不原諒這傢伙」之類，則能以稍微不同的角度來看待，而變得願意傾聽。不僅會比寫筆記之前冷靜，也能用比較客觀的角度重新檢視自己。原本動不動就仇視對方的態度，亦會在此時產生大幅變化，你會變得沉穩溫和，連自己都驚訝不已。

當然，如果很明顯是對方不好，確實對你有惡意，那麼，要平息這怒氣還眞不容易。即使如此，把心裡想的全都寫出來依舊有助於正確判斷。

像是對方爲什麼這麼做？對方是抱著什麼樣的想法而做出此行爲？自己是否完全沒錯？怎樣才能避免發生這種事？這樣會比較容易建立對策。面對對你有敵意的人，若能想像對方曾有過的創傷或不幸遭遇，就不容易爆發衝突。

如此一來，便不再是情緒上的衝突，而會轉變成更健康、更容易處理的情況。就算遇到怎麼看都是對方不好的狀況，只要針對對方爲何會有此行爲等相關標題，寫下15張左右的筆記，你就能想像對方難以自制的隱情，進而思索應對策略。

若無論如何都無法以「只會用這種角度看事情的人眞的很可憐。到底該怎麼做才能跟他相處得更好一些呢？」這樣的冷靜態度應對，怒氣始終難消的話，通常都是因爲自己本身也有某些過失、有愧疚感或自卑感。正因爲自己被戳到了痛處，所以才生氣。各位應該也有過這種經驗吧？

不過，只要把自己的感受寫成筆記，就能有效減輕原有的愧疚及自卑感，憤怒的情緒也會很快消失。我們之所以會生氣，往往都是對方做了某些壞事，或是對方做了令我們不愉快的事；但也有可能是我們自己太鑽牛角尖所致，而寫筆記確實能夠有效改善這點。

有一件事非常重要，那就是絕對不要忍耐。忍耐對身體不好，對心理也不好。臭掉的東西就算用蓋子掩飾，臭味也不會消失，反而會因爲悶著而變得更臭。所以千萬不要忍耐，要徹底斷絕臭味來源才行。透過在A4紙張上寫筆記的簡單方法，不論是煩惱、憤怒還是焦慮都能消除。

寫筆記可以讓你快速成長

寫筆記有助於整理思緒。而所謂整理思緒，就是能明確掌握到什麼是最重要、什麼是不重要，現在該做什麼、可以不做什麼等。即使有各式各樣的問題同時產生，依舊能夠不慌不忙地收集必要資訊，然後依據事情的重要度、嚴重度來排序，逐一解決。

如此便能漸漸做出成果，而且做得越多就越有進展，人便會產生自信，變得積極正向，不論發生什麼都不會輕易被情緒左右。以往會讓你怒氣沖天的情況，現在也因爲已能理解對方行爲背後的原由，故能以不勉強忍耐的自然態度面對。

而這裡所謂的自然態度，是指對自己有信心，但同時不失謙虛。不囂張跋扈，不貶低他人，也不因爲對方地位較高而過度緊張、退縮，更不會因爲對方地位較低就當他是傻瓜。

不衝動行事，不過度情緒化，能時時保持平常心，但絕非毫無熱情。這樣的人不僅擁有強烈的企圖心、目標高遠，而且滿腔熱情。這狀態說起來簡單，但實際上卻非常難以達到。對大部分的人而言，光是要維持自然態度可能就很不容易了。

想在公司裡有所成就的人，其人際關係難免會出現緊繃、或是不合理的時候。透過寫筆記的方式來維持本身的自然態度，同時採取最佳方案，就能夠脫穎而出。你所累積的最佳方案會持續發揮作用，而當你面對困境時的應對態度也會變得大不相同。

勤寫筆記，你就能讓工作夥伴們發揮實力，爲上司建立權威，同時還能朝目標邁進，減少不必要的摩擦衝突，自然而然地實現團隊合作。如此一來，你會更加有自信，進入好的循環，並且更上一層樓，達成令自己都驚訝的成長幅度。由於經常整理思緒，所以流於情緒化的狀況會驟減。若能看清事情的全貌，就能徹底掌握現在該做的事，以及接著該針對什麼做準備，工作的格局便能逐漸擴展。

以新進員工爲例，由於所有事情都是第一次，肯定是緊張得不得了。這時只要將自己所看到的、感覺到的、注意到的、覺得下次絕不再重蹈覆轍等事情寫成筆記，每天寫個20～30張。因爲一天10張恐怕不夠，但寫20～30張也不過只花20～30分鐘而已。光是如此，就能大幅減少煩惱與困惑，讓你能更快地熟悉工作。請務必試試看。

有很多人告訴我，在開始寫筆記的三到四週之後，他們便發現「自己可以充分理解別人在會議上的發言」、「自己的發言比以往更被重視」，甚至是「開始受到重用了」。由此可知，寫筆記也是一種讓自己在工作上有所成長的有效手法呢！

第3章

培養零秒思考的筆記寫法

進行零秒思考訓練時，請將A4尺寸的紙張橫向平放，在左上角寫下標題，並爲標題畫上底線。沒有比這更簡單的了。

不需要筆記本，也不使用電腦、資料卡或便條紙，就只要A4紙即可。更不需要把一整張紙全寫滿，每張只要寫四到六行，這樣很快就能夠寫完，所以不會造成負擔。此外，由於A4紙張夠大，故不只是寫字，也可以簡單地畫上圖案，不必擔心空間不夠得把字寫得又小又密。

之所以要朝橫向平放，是因爲目前的困境與解決方案、問題及其處理方法等，往往都會呈現出時間順序。我當然也試過將A4紙擺成縱向來寫，但橫放顯然較容易呈現時間序。

而爲標題畫底線的理由，則是爲了突顯標題，藉此明確區隔標題與其下四到六行的內容。

若使用PowerPoint之類的軟體時，多半會將標題設爲粗體；但手寫時，只要迅速畫個底線就足以達到效果。

另外，要在紙張的右上角寫上年月日。我個人則是採取「2014-1-23」這樣的簡略格式，不僅方便辨識，寫起來又最省時省力。而且此筆記訓練很重視在一分鐘內寫完一整張，包括標題、日期與內容，實在沒空把時間花在寫「年」、「月」這些多餘的字上。

標題的寫法

標題（＝筆記的主題）沒有任何限制，想到什麼就直接寫下，不須猶豫。

【與工作相關的標題】

—如何加快工作速度？
—工作順利與工作不順的時候。
—什麼樣的狀況會造成工作中斷？
—如何迅速完成企劃書？
—在一、兩天內快速完成工作。

——為下週會議做的準備工作。
——與上司溝通的方法。
——如何改善跨部門的溝通？
——成為課長後想做的事。
——自己的強項為何？如何進一步強化？

【與英語學習相關的標題】

——怎樣才能每天30分鐘持續不間斷地學習英文？
——如何清楚辨別L與R的發音？
——如何漂亮地發出L的音？
——如何學會漂亮的英語發音？
——如何增加英文詞彙量？
——只要記住3000個單字就行了嗎？
——如何準備TOEIC測驗？

——如何利用TOEIC來強化英語能力？
——如何在短時間內加強聽力？
——如何分別利用英語影集與Podcast來學習？

【與自己將來相關的標題】

——我到底想做什麼？
——我真正擅長的是什麼？
——我適合做什麼？在哪方面真的做得很好？
——現在立刻要做的事和為了將來而做的事，該如何區分？
——如何在顧及未來發展的同時，做出目前能有的最大成果？
——如何釐清未來願景？
——著眼未來，目前最該做的是什麼？
——該如何做好轉職的準備？
——轉職的優、缺點分別為何？

—關於轉職一事，是否應當面徵詢前輩的意見？

【與閱讀相關的標題】

—想讀什麼樣的書？
—如何在閱讀的書種上達成平衡？
—此後一年內打算讀哪些書？
—讀完後，該如何加以應用？
—如何整理讀後感想？又該如何活用這些感想？
—該怎麼做才能讓閱讀所獲得的知識與技術，至少發揮一半的作用？
—如何加快閱讀的速度？
—怎樣才能在兩天內讀完一本書？
—想推薦給別人的書。
—有哪些有效的推薦方法？

【與時間運用相關的標題】

——下個星期前該做的事？

——這個月一定要執行的工作。

——如何確實執行已決定的事？

——如何決定事情的先後順序與輕重緩急？

——該怎麼做才不會浪費時間？

——工作做得快的人是如何縮短工時的？

——該縮減哪些時間？

——對自己來說，在哪些時段、狀況下生產力較高？又該如何增加這樣的時間？

——如何能提早一小時起床？

——如何讓自己更偏向晨型人？

【與健康管理相關的標題】

——該如何管理自己的身體狀況？

——怎樣才能做到天天吃早飯？

——這次該怎樣減肥？

——本週的晚餐菜單？

——讓自己不感冒的訣竅？

——如何保有充足的睡眠時間？

——何時就寢、何時起床的效果最好？

——如何不讓自己在半夜醒來？

——如何讓自己在早上醒來後神清氣爽？

——能否讓窗簾在早上六點自動拉開？

【與私生活相關的標題】

——如何與男朋友（女朋友）順利交往？

——男朋友（女朋友）對什麼有興趣？
——怎樣才能讓對方更加注意我？
——怎樣才能讓自己的說話方式更溫柔？
——該如何好好傾聽對方的煩惱？
——這個週末要一起去哪裡玩呢？
——該如何相互協調、彼此配合對方想做的活動呢？
——有沒有什麼辦法可以避免吵架？
——如何同時兼顧工作與私生活？
——如何與學生時代的朋友保持連繫？

像這樣，直接將浮現於腦海的字句寫成標題即可。不要想得太複雜，又不是要給別人看的，大可放心地將想到的句子立刻寫在A4紙張的左上角。

不論是用疑問句，還是用「～的方法」這樣的肯定句來敘述都行。不過，我個人覺得疑問句會比較好寫一點。像前述寫的70個標題範例，就以疑問句佔多數。

以類似的標題反覆書寫多次

有時候你今天寫了某個標題，明天還是會想到該句子或是類似的詞彙。這種時候不必猶豫，就再寫一次，不必回想昨天是怎麼寫的，直接把現在想到的寫出來即可。若三天後腦海又浮現類似的標題，也一樣將它寫成筆記，不要回想，拼命寫就是了。

如此多次反覆下來，當你的思緒已然條理分明，相關標題（＝主題）便不會再浮現。畢竟憂心的事與該做的努力都已變得清楚明白，沒必要再特地寫筆記了。

舉個例子，我剛進麥肯錫顧問公司時，小組長把完整的訪談方法、分析方式、客戶團隊的管理技巧等都一一傳授給我。而爲了式徹底理解，我以自己的方式拼命地寫筆記。當時，光是關於訪談的部分，就寫了以下這些標題的筆記：

—如何統整訪談結果？
—該如何迅速統整訪談結果？
—如何順利完成訪談？
—如何一邊訪談，一邊將要點做成圖表？
—如何在訪談過程中挖掘出關鍵要點？
—如何在訪談後立即統整訪談結果？
—訪談結果的整理方法。
—如何將訪談結果立即整理成報告？
—如何順利進行訪談並迅速統整結果？

我不是一口氣寫完這些標題筆記，而是在幾週到幾個月的期間內，想到的時候才寫的。這些標題都很類似，想必很多人都會覺得沒必要重覆寫。實際上，我當時也沒有採取直接重寫的方式，而是把先前寫過的筆記找出來，然後用補充的方式添加筆記內容。

不過，親自試過之後，我發現那種方法並不利於整理思緒，不容易讓人找出最佳解決方案，也不易消化、理解。畢竟沒人會隨身攜帶以前的筆記，所以沒辦法隨時想到就隨時查閱。即使剛好就坐在自家書房裡，也很難在一、兩秒內找到相關筆記。而且一開始的靈感也可能在尋找舊筆記的過程中悄悄失去蹤跡，這實在很可惜。

每個主題都要在一分鐘內寫完，不回頭看先前所寫的，直接重新寫一遍還比較有效率。而且當我再回頭查閱，也發現之後寫的筆記內容比先前寫的還要好。

我認爲每一次像這樣將浮現於腦海的事物轉化爲言語，並用手寫成文字，用眼睛檢視，邊寫邊推敲、琢磨，都是非常棒的思緒整理過程。

依此方式，幾乎每個類似主題都會寫出5～10張，甚至是20張筆記。而在這過程中，你漸漸會感受到自己已把這個主題想透了、寫盡了，內心會產生很大的變化。至此，該主題就不再是你應該要研究、要寫的題材了。因爲對於這個問題，你的思緒已經夠清晰，可明確掌握整體狀況。

儲備標題的方法

有些人可能會經常想不出標題，如果你也是這樣的人，那麼，我建議你像**筆記4**那樣，在橫向平放的A4紙張上畫四條等間隔的垂直線，然後把所有想得到的標題一個一個地寫下來。

筆記標題這種東西，一旦有靈感時就會源源不絕。例如，若想到「與山田先生溝通的方法」這個標題，就可繼續寫出針對另外七到八個不同人物的類似標題。

若再加上不同的情況，那就不只是「與山田先生溝通的方法」，而是可變化出「當山田先生心情不好時該如何與他溝通？」、「當山田先生無精打采時該如何與他溝通？」、「與山田先生一起去喝酒時的溝通方法」等相關標題。

只要事先在一張A4紙上累積100個左右的標題，即使遇上想不出標題時，你仍然可輕輕鬆鬆地馬上著手寫筆記。

筆記 4

筆記標題 2013-12-1

- 與山田先生溝通的方法
- 與山下先生溝通的方法
- 與田中先生溝通的方法
- 與課長溝通的方法
- 與安部先生溝通的方法
- 與川口先生溝通的方法
- 當山田先生心情不好時該如何與他溝通？
- 當山田先生無精打采時該如何與他溝通？
- 與山田先生一起去喝酒時的溝通方法
- 如何妥善主持會議？
- 如何讓會議順利地依照預定時間結束？
- 如何確實完成會議的準備工作？
- 當會議中出現意見衝突的情況時，該怎麼辦？
- 如何在會議時妥善運用白板？
- 如何讓大家在會議中更踴躍發言？
- 如何讓大家確實執行會議所決定的事項？
- 如何能夠立刻回覆電子郵件？
- 在什麼情況下能夠立刻回覆電子郵件？
- 在什麼情況下會無法及時回覆電子郵件？

內容的寫法

零秒思考力的筆記訓練要在一分鐘內將標題、四到六行的內容（每行各20～30字）以及日期全都寫完。想到什麼就寫什麼，不做多餘思考。把感受直接寫下，不要想得太複雜，不必考慮結構，也不必斟酌用詞，就隨著思緒遊走。或許有人只寫得出一、兩行，但也不用擔心，你很快就能上手，只要再堅持一下就行了。

我在教授這種筆記訓練時，一開始會讓大家看著時鐘來了解一分鐘的時間有多長，到底動作要多快才趕得上。結果還練習不到10張，大家就都能在一分鐘內寫完一張，眞的相當驚人，而且文字量也會逐漸增加。

寫筆記內容時，各行都要如下例那樣以破折號（一）起頭，並且從左側開始寫。之所以要靠左，是爲了方便從右側補充內容（請參考第213頁）

相對於A4紙張，字的大小、行距等約莫寫成如118頁例子的狀態即可。

筆記5是將範例處理成印刷字體的結果，這樣可看得更清楚，寫筆記時最好能寫成這樣的大小比例。字若寫得比這更小，瀏覽或將筆記並排在桌上檢視時，會不太容易看清楚；若寫得更大，一張要寫四到六行會很勉強，也不太有空間可再自由補充手繪圖或圖表等。而且習慣以後有時會需要多寫一些，這時空間便會顯得不夠用。好不容易能無拘無束地自由發想，卻難以將浮現在腦海的一切全都記錄下來，那可就惱人了。

筆記的寫法　　2013-12-1

- 在左上角寫標題
- 像這樣寫四到六行的內容
- 要在一分鐘內寫完一張
- 潦草沒關係，只要自己看得懂就行
- 內容稍微詳細一點，寫到佔紙張一半空間的程度

筆記 5

筆記的寫法　　2013-12-1

- 在左上角寫標題
- 像這樣寫四到六行的內容
- 要在一分鐘內寫完一張
- 潦草沒關係，只要自己看得懂就行
- 內容稍微詳細一點，寫到佔紙張一半空間的程度

將各行寫得長一點

筆記的各行內容若是太短，可能會不夠具體，無法達成將模糊思緒文字化的練習效果；因此，建議你每行最好寫20〜30個字，能有這樣的字數量，通常就夠詳細。

筆記6的每一行都只有四個字，非常簡短。我曾詢問寫出這種筆記的人，是不是寫不出更多內容來？但完全不是這麼一回事。分別詢問每個人後發現，他們幾乎都能更詳細地說明各行內容。也就是說，會寫得短都只是沒仔細寫而已，這是非常可惜的。因爲你好不容易

筆記 6

該如何縮短會議時間？ 2013-12-1

- 決定議程
- 分發資料
- 簡短發言
- 活用白板

×【錯誤範例】：內容說明太簡短，不夠具體

能夠妥善地呈現出腦中的想法，將煩惱及構想化為眼睛可見的形式，卻沒能好好把握這機會。

例如，只寫「決定議程」，不僅看不出決定後要怎樣？也不知道這是什麼時候用的？什麼樣的議程？只寫「分發資料」則看不出要如何分發？而分發了又會怎樣？「簡短發言」這樣的敘述基本上可以理解，但不知該如何實現？根本看不出具體計畫。「活用白板」是要用白板做什麼呢？而寫「限制與會者」，是指可以縮減參加的人數嗎？但縮減了有何好處呢？

因此，請不要寫成如**筆記6**的狀

筆記 7

該如何縮短會議時間？ 2013-12-1

- 確實決定會議議程，並事先通知所有與會者，做好議題設定的動作
- 開會用的資料至少要在前一天分發，以減少解說的時間
- 反覆提醒大家，每個人發言時都該掐頭去尾講重點
- 將討論內容整理在白板上，以免重覆

○【良好範例】：內容說明夠長，敘述得相當具體、明確

態，建議你最好能寫成如**筆記7**那樣。如此前述的疑問便都會消失，也比**筆記6**要具體得多。

每一行筆記內容各為20～30個字，佔紙張的三分之二到四分之三的寬度。這樣才能將你的情緒、腦海中的構想與問題等正確且具體地記錄下來。

一開始或許無法寫得這麼完美，但完全不必擔心，馬上就會習慣的。請記得，只要根據標題，將浮現腦海的事物原原本本地記錄下來就行了。

努力寫出四到六行內容

筆記的內容原則上要寫四到六行，但一開始有可能沒辦法寫出這麼多行。這時請至少努力寫出三行。

我已輔導超過1千人進行零秒思考力的筆記訓練，根據我的經驗，只要努力每個人都辦得到。不論是誰，一定都能想出一些內容，並將想到的寫下來即可。即使是不習慣的人，在寫了20～30張後，也都能輕易地寫出來。

或許是因為女性的溝通能力普遍比較好，很多女生一開始寫就能寫得相當順暢，而且寫的時候看起來非常開心。就像是點子源源不絕般，讓我不禁覺得要是不喊停，她們就會一直沒完沒了地寫下去。幾乎沒有例外，這真的是很不可思議。

而男性大約有三分之一的人會在一開始的時候比較辛苦，有些人再努力也只寫得出兩行，而且還很簡短。不過，在介紹此筆記訓練法的研討會中，只要當場要求大家寫10張後，不管男女每個人就都能辦得到。即使寫不太出來，只要不輕易放棄，一邊看著時鐘，一邊在一分鐘內努力寫出一頁，你很快就會變得很厲害。

這個練習要求你必須寫四到六行內容是有理由的。

通常針對所想的標題，將浮現腦海的事物寫出來時，大概都能寫個四行以上，不太會有三行就結束的情況。因爲不論日文、中文都不是以西洋的三段論法爲主軸，而是以起承轉合爲基礎結構，所以我覺得大家應該都會忍不住想寫第四行。

那麼，六行這數字又是怎麼一回事呢？

這是爲了妥善整理思緒所設計的數字。若是不停地寫下去，就會把重要和不重要的事都列在一起，不同層次的事情也會被接連寫出來。因此，我才建議各位，即使還想再寫，最多也只寫到六行就該停手。想要再多寫的話，應該就只是想爲某個要點的補充說明而已。

簡單地說，當想寫的四大要點以A、B、C、D的順序浮現腦海時，就寫成如下即可：

—A

—B

—C

—D

不可思議的是，這通常就是最正確的重要度排序。

因爲自己最在意的事會先浮現於腦海，對你來說那就是最重要的事。畢竟人不太可能會先想到自己不在意的事。換句話說，在大部分的情況下，透過突然想到就立刻寫下的方式，便能記錄下重要性高的事情。人類的腦袋可是很厲害的。

由於只有一分鐘的時間可用，每行又得寫20～30個字，所以絕大多數的人都只能寫到四行，速度快的至多也只能寫個五、六行。由此可知，要求你在寫的時候不要想太多，並設定一分鐘的時間限制亦是有其實質意義在。

當然也會有極少數寫得非常快的人，即使限時一分鐘，還是能寫個七到十行左右。但若是寫到這種程度，通常都是因爲層次亂掉了。從概念上來說明，就像是這樣：

—A
—B1
—B2
—C
—D1
—D2
—D3
—D4

也就是說，本來應該要將同層次的A、B、C、D寫出來，但在寫B、D的部分時，把低一個層次的東西也寫了出來。

例如：

—台北市
—中正區
—豐原區
—高雄市
—三民區
—善化區
—大安區
—前鎮區

這就是把縣和市混在一起了。此例用的是縣和市，所以我們一眼就能看出

筆記 8

如何給予正向的回饋 2013-12-1

- 想給予更多的正向回饋
- 每天努力給予至少五次的正向回饋。週一到週五盡可能給予共 30 次的正向回饋
- 適度地交替給予稱讚、慰勞及建議
- 雖然會擔心自己是否做得妥當，總之都努力試看看。這樣應該能做出成果

層次混淆的問題，但有時不見得這麼容易看出來。不過，只要小心一點，多半都能避免這樣的問題。即使寫得很快，也能寫出同層次的內容。

基於上述理由，我建議各位一開始要將內容維持在四行以上，最多不超過六行的程度。一旦寫太多，便如剛剛所解釋的，容易忽略、忘記事物的層次。

能在一分鐘內寫出七到十行的人，大腦運作的速度相當快，可迅速將浮現於腦海的事物文字化，但往往不擅長有組織、有條理的思考方式，就是平常不太會去辨別何者重要？何者不重要？不

筆記 9

如何給予正向的回饋？　2013-12-1

- 想給予更多的正向回饋
  - 給團隊成員
  - 給企業合作夥伴的工作人員
- 每天努力給予至少五次的正向回饋。週一到週五盡可能給予共 30 次的正向回饋
  - 上午兩次，下午三次
  - 若週末也能給予的話，六、日各給四次，共八次
- 適度地交替給予稱讚、慰勞及建議
- 雖然會擔心自己是否做得妥當，總之要努力試看看。這樣應該能做出成果
  - 即使做得不好，也沒有任何風險
  - 既然是一直以來想做的事，那麼做就對了

【更詳細的寫法】：在四到六行中的某幾行添加補充說明（僅限於想特別仔細寫的時候）

會注意先後順序與輕重緩急。這點希望各位注意一下。

不過，這種類型的人即使被明白點出有此問題，他們通常也不太能理解，感覺就像抓不到重點。此時，我會建議他們採取如下寫法：

－A

－B

・B1

・B2

－C

－D

・D1

・D2

・D3

・D4

建議這類型的人可採取將A、B、C、D並列於上一階層（以破折號起頭，故在此稱之爲「破折號要點」），再分別將各細節（以圓點起頭，故在此稱之爲「圓點要點」）加在下一層的筆記寫法。

例如，第125頁的**筆記8**便是一般的四到六行式筆記。而相對於此，右頁的**筆記9**則是添加了補充說明（圓點要點）的例子，第一、二、四行分別被附加了兩行補充內容。透過這種方式來具體說明是要給誰正向回饋？該如何每天執行五次以上？並且敘述反正做了也絕無任何風險，所以就趕快進行的想法。

不必在意書寫順序

你完全不需介意筆記中四到六行內容的結構及順序，因爲一旦顧慮到起承轉合、歸納法、演繹法等原則，思考速度就會立刻變慢。

然而神奇的是，當你這樣快速潦草地寫筆記時，寫出來的內容往往會自然符合起承轉合，順序也相當清楚合理。大約練習40～50張（四、五天）後便能達到此境界。只要輕輕鬆鬆地多多書寫就能做到，這正是此練習的最大優點。

人類本來就相當厲害。可是一旦產生「一定要做某件事才行」、「一定要遵守某些規則才行」、「一定要寫得整齊漂亮才行」等想法，便會立刻變得無法思考。正因爲想要表現得理智，才會踩煞車。

而我所推薦的筆記訓練法，能讓你每天有效地告訴自己10次以上：「不必顧慮是否整齊漂亮，就把想到的直接寫出來即可」。

一定要維持筆記格式

我每次介紹並輔導大家進行這種筆記訓練法時，總能獲得熱烈迴響。很多人都告訴我：「眞是令人大開眼界，從今天起我每天都寫！」如此積極熱情固然是好事，但總會有人把A4紙放成縱向來寫、拿筆記本來寫，或是把紙張分成兩半來寫之類的，充分在筆記格式上發揮個人巧思。總是會有幾位不把力氣放在努力寫它個數百張，而是朝著我特別不建議的方向去努力、去下功夫。

本書所介紹的「筆記訓練法」，是在我親身嘗試過其他諸多方式，寫了數萬張筆記，費了好大一番工夫，才終於確立的方法，故可說是一套相當完整、成熟的訓練法。這個訓練法乍看之下沒什麼，但充滿了實踐層面的創意。若各位沒有充分理解這樣的背景，就胡亂嘗試各種表面功夫，那麼我費盡心思設計出的訓練技巧便可能無法發揮其效用。

因此，與其在格式上花心思，我希望各位先將注意力集中在寫下的內容。努力寫完數百張之後，你一定就能體會這個訓練法爲何會被設計成現在這個樣子。此訓練法已經有上千人實際嘗試與運用，故請大家一開始還是把力氣用在內容層面就好。

這就和剛開始學網球、高爾夫球或鋼琴是一樣的。我想這樣拿球杆或球拍、雖不是很確定但我想這樣揮杆或揮拍、我想把球拍做成現在的兩倍大、爲了看起來酷一點，所以我想只用四隻手指來彈鋼琴等想法，幾乎都沒什麼實質上的意義。

眞正會成長、進步的人，都是能夠坦率地學習、吸收的人，等到達了一定的水準後，自然就會以更高的層次爲目標。

不管想到什麼，總之都寫下來就是了

現在各位已了解筆記的書寫格式了，那麼，到底該寫些什麼樣的內容呢？

突然想到的事、掛念的事、心中的疑問、下一件該做的事、自我成長的課題、令你怒氣難消的事等，任何浮現腦海的東西都可以寫。想到什麼詞句，統統直接記錄下來。反正這筆記不論是標題還是內容都不公開，就連仇人的名字都可以大喇喇地寫出來。

將一切具體寫下，越寫重點就會越清楚。寫這種筆記最忌諱有所顧忌，直截了當地寫才會有把垃圾掃出屋外的暢快感。整理內心，看清楚自己到底在煩惱些什麼，便能有效減少憂慮。

厭惡的、擔心的、讓人火大到不知如何是好的事情會折磨我們的心靈。最糟的情景浮現之後消失，消失了又再度浮現。越是負面的事，我們就越討厭想起，所以會越努力地不去想它。可是再怎麼努力，討厭的事情就是討厭，不經意時又會突然出現在腦海中。好想用橡皮擦擦掉，但腦子裡的想法可沒辦法這麼輕易擦除。

當遇上很嚴重的情況時，人的大腦是有可能會消除記憶，只不過那些記憶並不會眞的消失，而是會留下深深的傷口，成爲創傷後偶爾又會出現來束縛我們的行爲。

不過，若你能使用A4紙，將這些討厭的事以一件事一張紙，每張一分鐘的速度寫出來，就能像用橡皮擦擦掉一樣，一點一滴地撫平內心傷痕。你的煩惱與痛苦會越來越少，感覺就像是將心中的汙泥給排了出去。

將對方的名字以及他讓你討厭的部分、很過分的作爲、他是多麼惡劣的壞蛋、自己爲何無法反駁、該怎麼報仇等都具體地寫下，你便能徹底釐清自己的感受。而這和單純的訴苦不同，透過此舉你可以整理內心，跳脫永無止境的循環，並加速理清負面情緒。只要把對方討人厭之處、不可原諒的缺陷等反覆寫個10遍，在紙上將他定罪，你就能夠繼續往前邁進。

就算是最好的朋友也不能說的你內心最黑暗的一面，也都能暢快地吐露在眼前的紙上。因爲不必擔心別人會覺得「你竟然是這種人?!」所以更能夠誠實地面對自己的感受。

將一切全都發洩在筆記上，之後再看一遍這些筆記，然後將想到的事情、終究還是無法原諒對方的部分、覺得對方最糟最令人厭惡的地方等再寫成新的筆記。眞的非常生氣時，就這樣持續不斷地寫，寫個幾百頁也沒關係。

等實際寫過後你就會知道，其實不需要寫到那麼多，一般人最多寫20～30張就會覺得寫不下去了。等你意識到時，在某個程度上，已經能客觀檢視自己的情緒與狀況，也會冷靜許多。這時你才會開始檢討自己是否有錯？今後該怎麼做才好？漸漸產生了一點積極正向的態度。

以每分鐘寫一張A4紙的速度來說，要到達這般程度大約需花費30分鐘左右。就算是需要多花點時間的人，只要寫個一小時，情緒也一定能有大幅轉變。

最好利用用過的A4紙背面來寫

寫筆記時，利用已用過一面的A4紙是最好的，直接把筆記寫在還沒用到的空白面上。由於用的是回收再利用的紙，所以更能暢快地愛寫幾張就寫幾張，不會覺得浪費。

若你曾試過以全新白紙寫四到六行的筆記便會知道，明明每張寫得不多，每天又要用10～20張，免不了會讓人有些猶豫；但若是利用回收紙的背面來寫，大多數人反而不會太過在意。

若沒有合適的回收紙可用，也可在文具店購買一包500張，價格在

300～400日圓左右（台灣大約賣80～90元）的影印紙來用，這樣每張不到1圓，一天不到台幣3元就能搞定，且一包約可用一個半月。使用新紙或許會讓人覺得有些彆扭，但這眞的一點兒也不貴。更何況寫完500張時的暢快感絕對是無與倫比。

手邊無回收紙可用的情況下，我還推薦另一種可提升資訊敏感度，同時又能取得回收紙的方法。

若你是個積極想要有所成長的人，我建議你每天花30分鐘左右上網收集資訊。具體來說，就是每天把Facebook、Twitter 等的時間軸（登入後，依時間順序顯示的貼文）、電子報，以及Gunosy或Crowsnest等策展工具軟體所篩選出的文章快速、粗略地瀏覽一遍。

還沒開始用 Facebook、Twitter 的人請注意了，這些社群網站幾乎已經是不可或缺的資訊收集工具，也取代了電子郵件成爲新的溝通媒介，所以還是趕快開始使用比較妥當。這就和電話被發明出來後，使用電話的人比不用電話的人更能接觸到寬廣的世界是一樣的道理。

而所謂的策展工具軟體，就是能依據你有興趣的關鍵詞，或是從Facebook、Twitter上的熱門文章中篩選出每日推薦文章，以供你閱讀，此類工具會再繼續依據你已閱讀的文章，再進一步提供更適合你的文章。

以我個人來說，一旦讀到好文章，便會把寫那篇文章的部落客或記者的文章全都讀過一遍。因爲能寫出好文章的部落客、記者，其文筆往往都非常有深度。

在收集資訊時，大多數文章都是跳著看，概略地瀏覽過就好，但特別重要的文章可印出來。印出來後拿在手上閱讀，於重要處做記號，寫上感想、註解及評論，如此才能更深入理解重要內容，將之徹底吸收與內化。

透過這種方式培養出的資訊敏感度、資訊收集力，是書籤及

Evernote等難以企及的。做記號，寫上感想、註解及評論後，便可將之與同主題的筆記一起收在同一個透明文件夾中（文件夾的用法將於第5章說明）。

接下來我們終於要講到重點。當你把文章印出來時，文章後面往往會接著印出很多廣告，由於不容易確定文章佔了幾頁、到底廣告從哪裡開始，特地確定後再印是很花時間的，所以我向來都不管它，全部印出來，而多印的內容就成了回收紙。此外，很久以前所印的資料當然也可做爲A4回收紙來利用。

最近黑白雷射印表機一台只要8000日圓（台灣大約賣2500元）左右，印刷速度也非常快，因此，除了推薦做筆記訓練之外，我也非常建議各位買一台黑白雷射印表機。其印刷單價遠低於噴墨印表機，對於打算在工作上好好拼一番的人來說，幾乎是必不可少的工具。

每天要寫10張筆記

我建議各位每天寫10張筆記，每張花一分鐘寫，故每天只需花費10分鐘左右，而且不要一次寫完，而是在想到時快速寫下。

於想到的瞬間做記錄，才能有效改善大腦運作並進一步刺激靈感，因此，最好不要採取統一事後記錄的方式。我們本來就容易忘記曾經想到的事，既然要把想到的事情記錄下來，那麼當下立刻寫一張效果是最好的。

每天寫10張聽起來沒什麼大不了，我想很多人都辦得到；不過，連續寫三天共30張，連續寫一星期共70張，很多人漸漸會覺得疲累，若是不夠積極努力，很容易就會放棄。

我每個月都有好幾場演講，都會建議大家進行這種筆記訓練，也經常當場讓大家實際寫看看。大多數人都寫得非常開心，也表示願意持續寫下去；可惜的是，眞的能持續寫筆記的人卻相當少。每天寫10張，兩星期是140張，一個月是300張，半年就是1800張。即使是只花一分鐘寫的簡單筆記，能累積到這麼多也是很了不起的。

每天10張，雖說只是花個10分鐘寫，卻能讓人在三週內就獲得回饋，不論是誰都可以明顯感受到自己的成長。像是在開會時能更清楚理解大家所說的內容、讓自己的發言更受到重視、能夠有耐性地把別人的話聽完、比以前更有自信等。

然而，爲什麼不是5頁，不是20頁，而是10頁呢？

這當然是我多方嘗試後做出的結論。雖然有時也會有一天內就想寫20～30張的情況，但我發現平均而言，每天寫10張幾乎就能將當天的煩惱、所想到的事情全都處理完畢。你或許會覺得一個人一天想的事情應該更多才對；但一旦寫起筆記，人的思緒便會越寫越清晰，所以每天平均寫10件事就夠了。更何況當你連續一星期都以每件事一張的標準持續寫70件事，在某個程度上，煩惱都差不多耗盡，新的想法也都用完了。只要實際將令你擔憂、阻撓你思考的煩心事持續發洩在筆記上，你肯定也會覺得一天能寫個10張就很棒了。

不過，也許會有人認爲這是不可能的。我們每天腦子裡都想著至少幾十件事，靈感無窮無盡，煩惱的事總會一個接著一個到來。若你的情況眞是如此，那麼，請務必每天寫個30張、40張，能夠確實做到的話也是非常了不起的。

只不過眞正開始練習後，你就會發現其實寫不了那麼多。一天10張，亦即一天寫10個主題就相當不容易了。連續寫個兩、三天還好，絕大多數人光是一天只寫10張都無法持續執行一週，更別說是一天要寫更多張的情況。

爲什麼會這樣？恐怕是因爲大家平常雖然想很多，但絕大多數都只是無止盡的反覆循環、猶豫不決罷了。一旦將一件事寫成一張筆記，那件事就算是解決了，該煩惱的、該想的問題便會驟減。就因爲事情一直留在腦子裡沒處理，才會覺得每天都有好多事要煩惱，每天都會想到很多，但實際上很可能不是這樣的。也就是說，每天會想到10個新的煩惱、難題是很不尋常的。

反之，這也證明了要是不寫筆記，就會一直反覆想著同樣的問題，總是那也不好、這也不對地猶疑不定，不僅無法減少煩惱，更會浪費腦力、浪費時間。

每張花一分鐘，在想到的瞬間就記錄下來

筆記內容可條列你所想到的問題或點子，也可採取起承轉合的敘述方式。而不論是用哪種寫法，都不要煩惱、不要想太多，直截了當地寫出來就是。把浮現在腦海的事一一記錄下來即可，不要東想西想，將你的感受直接宣洩出來。一開始可以一邊看著時鐘，努力在一分鐘內寫完一張共四到六行的內容，即使想多寫，最多也只能延長15秒左右。

一張必須在一分鐘內寫完，動作若不快一點，不知不覺地三分

鐘、五分鐘就過去了。應該很多人都曾對著白紙苦思良久，卻在寫個兩、三行後撕掉，煎熬了好一陣子才再寫出一點，卻又撕掉。像這樣的經驗大概大家都體會過。

問題就在於，不是時間花得多就一定能做出好東西。不管是寫文章，還是寫企劃案，快到截止期限時的生產力總是比之前要高出很多倍，相信很多人都有過類似經驗。人的心與腦畢竟和電腦不同，受到環境、情境的影響非常大。

尤其是這種將一件事寫成一張的筆記，絕不是多花時間慢慢寫就一定能寫出更多倍的內容。我實際請很多人試寫過，要是不提醒，很快就過了好幾分鐘，但他們所寫的內容並沒有增加多少。只有猶豫不決、搖擺不定的時間增加而已。因此，趕快寫完、趕快進入下一主題的方式，對於整理思緒的幫助比較大。這樣不僅能練習將想法文字化，還能提高生產力。

但速度快並不表示就可以使用粗鄙、不正確的文句。事實上，只要稍微努力一點，你就能快速寫出清楚易懂又正確的句子。例如，這樣的對話每個人都講得出來：

「早，昨天的匯報會議開得如何？」
「蠻順利的，謝謝。」
「太好了。經理點頭了嗎？」
「嗯，他很滿意呢。真是讓人有點驚訝。」
「是喔，他覺得哪個部分好？」
「他似乎是覺得有確實採納使用者意見的部分很好。」
「真是太好了，下次教教我做使用者訪談的絕竅吧！」

這對話馬上就結束了，若說得快一些，大概只維持15秒左右，而且用字遣詞都無可挑剔。其實，一般人都具有進行這段對話的能力。

然而，一旦換成面對一張白紙，或是坐在電腦前的情況，這能力就會下降至十分之一以下。但寫筆記能改變這點，而且是徹底改變，改變的關鍵就在於，要在一分鐘內寫完一張的速度感。

字若要寫得非常整齊漂亮會花不少時間，因此，只要寫到自己能順利閱讀的程度就行了。雖說這筆記基本上是寫給自己看的，但你也可以將筆記影印後分發給團隊成員，或是向上司說明筆記內容，所以也別寫得太過潦草，還是要養成書寫時能稍微考量美觀及位置平衡的習慣比較好，這樣自己讀起來也比較輕鬆。文字和標點符號的使用都必須正確、適切。而且其實寫得整齊和寫得潦草所花的時間根本就差異不大。

在我經常舉辦的筆記訓練研討會中，都是在解說筆記訓練法的宗旨之後，簡單說明一下寫法，就立刻讓大家開始動手書寫。很多人一開始拼了命也只能寫出兩、三行，而且一行只有五到十個字。

不過，在寫了幾張之後便進步神速，腦袋也開始加速運作。寫到第五張、第七張時，就已不需費力思考了。把第一張筆記和寫了好幾張之後的筆記拿來比較，差距可說是一目了然。不論是內容行數還是字數，全都大不相同。

一開始請務必緊盯著時鐘的秒針，努力在一分鐘內寫完包括標題、日期，以及四到六行的內容。一旦著手嘗試，很快就能掌握一分鐘的時間長度。有些人一開始會有點痛苦，但忍過以後便能迅速上手，速度快到會讓人覺得那一開始的痛苦真是莫名其妙。這是真的，每個人都能夠很快學會。

等你能夠在一分鐘內寫完一張後，偶爾還是會發生「啊，來不及了，還想再多寫一點」這種狀況。這個時候請還是維持一貫的速度，再延長15秒，把想要多寫的內容趕快補充進去。若是已習慣快速書寫，那麼這15秒的延長時間可說是非常珍貴，是能讓大腦極速運作的15秒。如此一來，你對時間和速度的感覺就會被磨練得越來越敏銳。

筆記要在寫完後用2～3秒的時間琢磨用字遣詞，每寫完一行就馬上檢查也可以。若有想要補充的也別猶豫，請立刻加進去。一旦習慣後，便不太需要花費這種時間，因爲不論你想到什麼，都能立即浮現對應的精準詞彙，不會再有過度或不足的問題。

筆記訓練熟練後，每次你都能從重要的事情開始寫，而且內容都可以很具體，幾乎不需要推敲、思索。有時事後再回頭看，甚至會覺得這麼完美的內容到底是誰寫的？當然，依據筆記來製作PowerPoint等簡報資料時，還是需要適度地琢磨、修改。這種時候請一邊看著自己寫的筆記，一邊找出最適合PowerPoint簡報的表達方式。

還有一點很重要，那就是筆記要在你想到事情的時候立刻寫下，別在睡前一口氣寫10張。原則上，你必須在想法浮現的瞬間書寫。在自己開始煩惱某件事的時候，就立刻記錄以免忘記，這樣才能捕捉到最原始的感受。

每個想法都可說是一生一次的珍貴偶遇，你的腦海可能再也不會浮現同樣的點子或煩惱，所以才要當場立刻記錄下來。寫下來就不會消失，並成爲你自己的資產。不過，如果是統一在睡前寫10張筆記，原本想到的內容很可能早就不復記憶，即使隱約記得往往也是含糊不清，漸漸地，寫筆記將會成爲一件麻煩事，所以我不建議大家這麼做。想到就寫的話，一張其實花不到一分鐘就能寫完。雖然寫出來的內容會稍微簡短些，但由於多半都能在30～40秒內寫完，因此，即使在會議中也能輕鬆完成。

而所謂「想到的時候」包括了：起床、通勤時、剛到達公司時、午休時、工作中、入睡前等，也就是隨時隨地。當腦海中有想法一閃而過，便是最佳時機。

以我個人來說，坐飛機或新幹線等沒太多別的事可做時，腦袋最容易浮現想法。古人說，寫文章、醞釀靈感的最佳時機在三上（馬上、枕上、廁上），說得眞是一點兒也沒錯呢！

不用筆記本、日記本或Word等軟體記錄的理由

只要持續寫筆記，就會頭腦清醒、思緒清晰，壓力也會漸漸消失。不必顧忌，就只是把浮現腦海的事情直接記錄下來而已。一件事用一張紙了結，不必介意文章脈絡，也不需拘泥形式，沒有大綱目錄，更沒有先後順序，想到就寫。就像房間裡出現垃圾時，哪管什麼前後順序，全都掃出去便是。

絕對不要把力氣用在組織及系統化上，這點非常重要。這是大幅提高生產力、充分發揮個人能力的關鍵。

寫企劃案的時候之所以會耗費相當多時間與精力，就是因爲大家都覺得必須寫得有組織、有系統，所以才會產生壓力，進而使大腦的運作變得遲鈍，一般人都會因此浪費掉很多時間。而用A4紙張進行

筆記訓練時，則是什麼都不想、什麼都不煩，就只是一股腦地發洩出來而已。

想必有很多人都會利用筆記本來整理、記錄，但我不太建議各位用筆記本來進行這種筆記訓練。我自己一開始就是用筆記本來寫；然而，持續記錄想到的、煩惱的事情後，很快地便用完一本，寫著寫著，轉眼間就寫了20本之多。

用筆記本雖然一樣能把想到的都記錄下來，但最大的問題是完全沒辦法整理。

由於只是依時間順序累積，故一旦連續幾天甚至是幾週都寫了類似的內容時，便無法整理。於是只好在與訪談方法有關的筆記頁面貼上黃色的便利貼，與閱讀有關的頁面貼上藍色的便利貼，與溝通有關的頁面則貼上粉紅色便利貼等，利用不同顏色的便利貼來做記號，以便尋找資料。不過，這樣會貼出一大堆的便利貼，而且便利貼的顏色有幾種，你的分類就只能有幾種。結果爲了增加分類，又開始在黃色的便利貼寫上子分類名稱，終於越搞越亂，弄得無法收拾。

日記本也是基於同樣理由而不予推薦。其首要問題就是和筆記本一樣無法整理；再加上日記本來就具有依時間順序書寫的特性，一旦依時間順序書寫，像「那時發生了那麼令人憤怒的事」之類不愉快的記憶，反而可能因爲與日期建立了連結，變得更難以忘記。反省過去固然重要，但以日記形式凍結記憶的做法，和可解放大腦與情緒之「筆記訓練」的理念完全不符。

比起將腦袋裡的各種想法及煩悶仔細地寫進日記，以一件事一張Ａ４紙的方式記錄下來會更容易整理。與其說是記錄，這其實更像是大膽地把腦袋裡的東西往外倒的感覺，亦即將思緒暢快地寫出來。

我不推薦各位使用日記本寫筆記，還有另外三個理由。一是日記本比Ａ４紙貴得多。二是日記本基本上是闔起來的，要翻開才能寫，所以很難輕鬆隨興。再加上若真的一想到就寫，很可能兩星期左右就會寫完一本，光是日記本身的收藏與整理就很麻煩了，更不可能知道什麼樣的內容寫在哪裡。

雖然現在市面上有賣一些能夠輕易撕下頁面的可撕式筆記本，但我也不太推薦各位使用。就算統一在睡前把筆記撕下，還是很花時間。與其把時間花在撕筆記，還不如多寫幾張。而且筆記訓練每天都得大量書寫，一下子就會用掉好幾本，長久下來也是挺花錢的。

此外，我想有很多人是選擇使用電腦，如Word、PowerPoint、Excel或Keynote等軟體來記筆記。可是，就想到時立刻寫下、快速畫個圖、並列比較並整理、分類收藏於文件夾，以及與其他A4尺寸的書面資料統整在一起等實務層面來看，現在的電腦是很難做到的。再怎麼說，都必須等電腦開機才能寫，光是這段時間就足以讓浮現於腦海的內容飛到九霄雲外了。

也許有人會說，若是盲打（靠著熟記按鍵位置的方式而能夠不看鍵盤，直接看著螢幕打字），那麼用電腦輸入的速度就會比手寫快得多。如果只考慮文字的話確實是如此；然而，一旦想簡單畫個圖，用電腦可就麻煩了。用手只需10秒就能完成的概念圖，換成電腦畫可能要花個5分鐘、10分鐘，而思緒便會因此中斷。

一旦使用電腦就只會想到輸入文字這點也成了一大問題。即使遇上畫圖比較快的情況，也只能全都用文字來敘述，如此一來，很難用文字描述的事自然就會被省略。

等到電子紙變得非常便宜，可以並排10張左右同時使用，不必在意供電問題又可以直接手寫輸入，鍵盤功能也有大幅改善的話，或許可重新考慮，但這顯然是很久以後的事。

在紙張上盡情書寫的暢快感、透過並排筆記而獲得的新發現、將筆記分別放入七到十個不同的文件夾，以快速整理所帶來的安全感等，都是使用紙張的好處，目前還沒有其他方法能取代之。

隨時隨地都能在一分鐘內寫完筆記的訣竅

選用最適合寫筆記的筆

爲了能在一分鐘內寫完一張筆記，筆記工具的選擇可說是非常重要。若是無法順暢書寫就會趕不及。而我個人推薦使用PILOT VCORN直液式水性筆，不必用力就能滑順地書寫，而且寫到最後都不會漏墨，也不會因墨水無法順利流

出而造成筆跡不清楚，寫起來非常漂亮。

我最不推薦的是自動鉛筆。我覺得用自動鉛筆寫的速度，大概比用PILOT VCORN水性筆要慢個兩、三成以上。舊型的原子筆在書寫時也需要用力，所以不容易寫得快，多寫幾張便會開始覺得累。

這雖然是小細節，但爲了能每天持續書寫10張以上也不覺得疲累，你眞的必須愼選筆記工具。我曾在大型消費品製造商中讓數百人進行這種筆記訓練，我總是推薦大家使用這種筆，也經常拿來當禮物送人，當時總務部門甚至稱之爲「赤羽先生的筆」並加以大量採購。

讓自己隨時隨地都能寫筆記

自從開始用A4紙來寫筆記後，我公司的辦公桌和自家書桌上，隨時備有100張已用過單面的A4回收紙，就連公事包裡也準備了20張左右。不論身處何處，只要一有想法就能馬上寫下是非常重要的。到國外出差時，依出差日數不同，我也會帶個60～70張以防萬一。由於到國外出差往往能獲得非常多的刺激，會想寫很多筆記。因此，要把握難得的機會把注意到的事物一個不漏地記錄下來。

有很多人喜歡使用如下圖的記事板。而有了這種記事板，不論你是在公司的那個角落開會，都能方便快速地書寫，當然在家裡也能發揮同樣效果。每個人偏好的工具不同，而重點就在於要讓自己隨時隨地都能寫筆記。

若是使用記事板，我會建議你將板子轉成夾子在右側的狀態來使用。因爲筆記的標題、內容都是從左側開始寫，

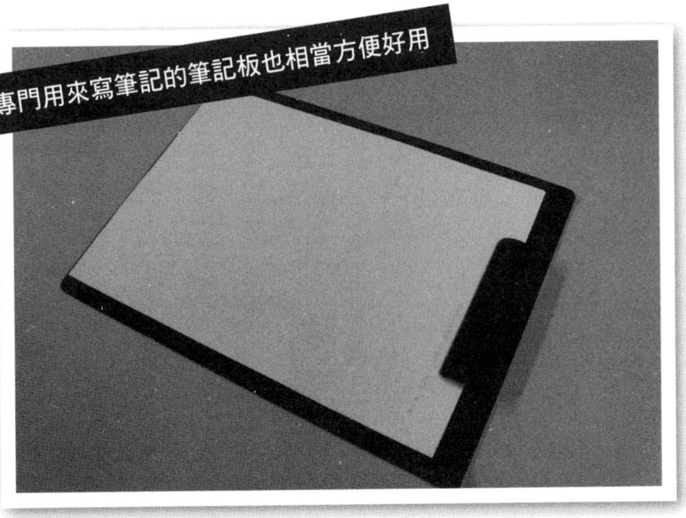
專門用來寫筆記的筆記板也相當方便好用

讓夾子保持在右側寫起來才方便，而且翻頁時也比較能清楚看到標題。不過，每晚睡前還是要將當天寫好的10～15張筆記，分類收進各文件夾就是了。

另外在坐捷運、火車等交通工具時，也可能碰到很想、很想寫筆記，卻沒有空間可展開A4紙的情況。這種時候只要把A4紙摺成三折，然後將筆記寫在最上面那層。雖然寬度變成三分之一，比較窄一些，但還是可以照常書寫。寫完後，男性可收進西裝等的胸前口袋，女性則可收進手提包裡。

之所以連坐車時這麼不方便都要寫，就是因為若沒有一想到就立刻寫下，你很快便會忘掉。即使想先隨便記在某處之後再慢慢寫清楚，但新的想法總會不斷冒出來，所以必須馬上寫成筆記才好。而這樣寫出來的筆記能夠和其他筆記以同樣方式處理，完全不會浪費時間。

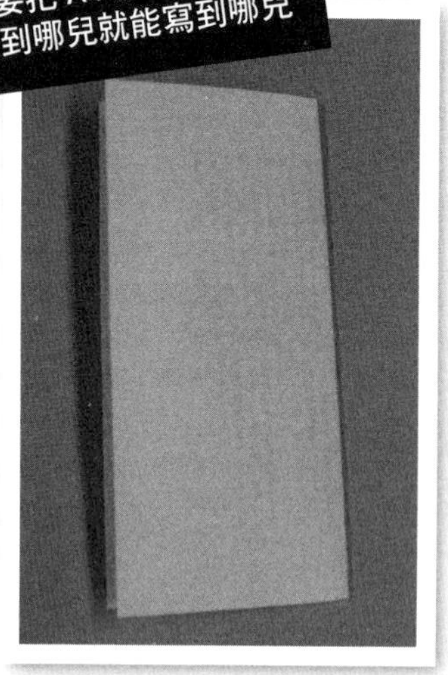

只要把 A4 紙摺成三折，走到哪兒就能寫到哪兒

把情感化為思想，把思想寫成筆記

即使已下定決心開始寫筆記，有些人可能一時也不知該寫什麼好。下頁圖表便說明了這種情況的現狀，與今後的發展階段。

人人都有情感、情緒，像是快樂、悲傷、喜歡、討厭、痛苦、想要、不想要等，而在情感之後浮現的便是某種想法，整理該想法後，就會浮現一些辭句，接著你便可將浮現的辭句寫成筆記，寫成筆記之後，再著手解決問題；這就是基本流程。不過，每個人在情感與思想上所處的階段各不相同，故在此加以分析比較。

在圖表最下方的箭頭①，代表壓抑情感的人。如果壓抑情感，就不容易產生情感。但這並不是真的沒有情感，只是自己扼殺、壓制了情緒而已。

箭頭②，代表沒有在思考的人。情感會浮現，但想法不容易。

箭頭③，代表的是普通人、一般人。能浮現一定程度的想法。

箭頭④，代表的是很努力思考、能將思想整理至一定程度的人。

箭頭⑤，代表的是深思熟慮的人。腦海能浮現一定程度的辭句。

箭頭⑥，代表的是會嘗試從各種不同觀點思考，且會努力勤寫筆記的人。思想能變得相當深刻。

箭頭⑦，代表的是思緒總是十分清晰，能夠立刻寫下筆記，並馬上著手解決問題的人。這樣的人成長速度快，在工作上的表現也非常好。若能推進到此階段，便能夠達成「零秒思考」。

從情感發展成想法，整理想法，化為筆記，再著手解決問題的流程

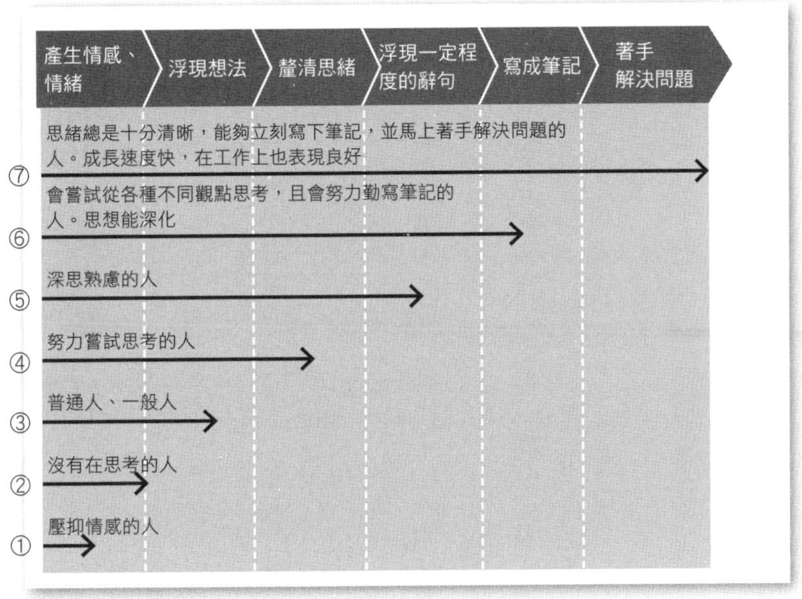

各類不同狀況、需求的筆記標題範例

就筆記的標題而言，將你正在煩惱的、突然浮現腦海的事情立刻記錄起來、寫下來，是最理想的方式了。一旦習慣寫筆記，任誰都能輕鬆愉快地寫出來，一開始難免會有毫無靈感的情況發生，因此，為了讓你在想不出標題時能有所參考，在此我列出了一些標題範例，這些標題範例中也可能有部分剛好符合你目前的狀況。而範例中的職稱與人名都是虛構的，當你要利用範例來練習時，請務必將之改為真正的名稱。

讓心情平靜、整理思緒

【對上司感到憤怒時，讓心情平靜下來】

—課長爲什麼要用那麼討人厭的方式說話？
—對於那種說話方式，課長自己有何想法？他覺得無所謂嗎？
—課長到底有何目的？
—課長只是因爲心情不好，所以才這樣的嗎？
—聽到那種令人不愉快的說話方式，其他人會怎麼想？
—課長對誰才會以較有禮貌的方式說話呢？
—課長在什麼情況下，會對我採取較有禮貌的說話方式呢？
—如果我是課長，我會採取怎樣的說話方式？
—經理是怎麼看待課長的？
—同事們是怎麼看待課長的？

【在無精打采的時候，讓自己振作一點】

——我什麼時候會無精打采？

——我什麼時候會很有幹勁？

——我從以前開始就一直都是這樣的嗎？

——誰總是很有幹勁？他是如何維持這種狀態的？

——誰總是無精打采？他爲什麼會這樣？

——周圍的人是如何看待總是無精打采的○○先生／小姐呢？

——周圍的人是如何看待無精打采的我呢？

——怎樣才能顯得很有幹勁？

——即使情緒無精打采，但只要表現得很有幹勁，就能改變嗎？

——將煩惱全都發洩出來，就能比較振作一點嗎？

【讓自己不要太緊張】

——現在爲了什麼而緊張？

——在什麼情況下會緊張？
——在什麼情況下能夠保持冷靜、不過度緊張？
——怎樣的狀態叫緊張？
——有誰看起來是不會緊張的？他爲什麼不會緊張？
——當擔憂的事情變得清楚明朗，是不是就不太會緊張了？
——一緊張就會發生什麼事？
——以前是不是不太會緊張？
——不緊張、保持平常心對我來說是什麼樣的狀態？
——是否有什麼方法可讓自己在緊張的狀態下仍照常行動呢？

【保持冷靜不焦慮】

——在什麼情況下會焦慮不安？
——在什麼情況下能夠保持冷靜？
——從什麼時候開始會焦慮？

——在面對誰時總是會焦慮不安？

——冷靜不焦慮的人具有什麼樣的特徵？

——他們爲何不會焦慮不安？

——該怎麼做才能和他們一樣冷靜？

——之所以會焦慮，只是因爲太在意別人的看法嗎？

——若覺得焦慮不安也無所謂，這是好還是不好呢？

——即使會焦慮不安，只要能做出成績就無所謂，不是嗎？

【解決自我意識太強烈的問題】

——在什麼情況下會變得自我意識太強烈？

——怎樣叫做自我意識太強烈？

——爲什麼會變得自我意識太強烈？

——有誰是自我意識太強烈的？周圍的人是怎樣看待他的？

——自我意識太強烈的人在想些什麼？

—若從較高的觀點來看自我意識太強烈的自己，會發現什麼？
—之所以會自我意識太強烈，會不會是因爲骨子裡缺乏自信？
—自我意識太強烈和自尊心太強是否幾乎一樣？
—怎樣叫做自尊心太強？
—所謂自尊心太強，是以什麼爲標準所比較出來的？

【解決自我厭惡的問題】

—我爲什麼會討厭自己？
—到底什麼是自我厭惡？
—是什麼造成了我開始討厭自己？
—所謂自我厭惡，是不是因爲期待過高而造成的反效果？
—我在什麼情況下會討厭自己？
—有誰看起來是不會討厭自己的？他爲什麼不會自我厭惡？
—自我厭惡之後有何感覺？

——若不會自我厭惡，我會覺得如何？

——所謂自我厭惡，會不會只是一種對自己的情緒依賴？

——對我來說，不自我厭惡的日子是怎樣的？

【能夠與人親近】

——如何才能跟別人變得很熟、很親近？

——如何能夠與○○先生／小姐變得很熟？

——在什麼情況下我能夠與人親近？

——在什麼情況下我無法與人親近？

——對我來說，怎樣叫做跟別人變得很熟、很親近？

——當我和別人不熟、不親近時，會有什麼感覺？

——和每個人都能混得很熟的人，他的行爲是怎樣的？

——和每個人都混得很熟的人，不會痛苦嗎？

——是什麼樣的價值觀會讓這些人去跟別人混得很熟？

——從明天起，該怎麼做才能跟每個人都混得很熟？

【不再說別人的壞話】

——我會對誰說別人的壞話？
——在什麼情況下，我會說別人的壞話？
——說了別人的壞話之後，我有何感覺？
——我爲什麼無法戒掉說壞話的習慣？
——之所以說別人的壞話，會不會是因爲嫉妒心理作祟？
——說別人的壞話會讓周圍的人怎麼看我？
——不說別人的壞話又會讓周圍的人怎麼看我？
——不說別人壞話的人，是如何撫平自己的情緒的？
——該如何躲開會說別人壞話的人？
——到底怎樣算是說別人的壞話呢？

【不再介意別人說自己的壞話】

——該如何才能不介意別人說自己的壞話？

——要能對壞話無動於衷，必須有多高深的修養才辦得到？

——怎樣的壞話我不會介意？

——在什麼情況下，我不會介意別人說我的壞話？

——怎樣的壞話是我特別無法忍受的？

——爲什麼某些類型的壞話會讓我格外惱怒？

——被別人說了壞話也毫不在意的人是怎麼一回事呢？

——他們是如何消化那些壞話的？

——是不是有自信就不會介意別人的壞話？

——被人說壞話這件事跟運氣好不好有關嗎？

【能夠倚賴他人】

——如何能夠在應該倚賴的時候，確實倚賴他人呢？

——對於在必須求助時卻無法倚賴他人的性格，能如何改善呢？
——對我來說，倚賴他人是怎麼一回事呢？
——能夠適度倚賴他人的人，需具備什麼個性？
——若要仿效這種適度倚賴他人的行為，該怎麼做才好？
——我為什麼對倚賴他人這件事這麼排斥呢？
——適度倚賴他人會產生什麼問題？
——該倚賴的時候不倚賴，要是情況變得更糟，怎麼辦？
——別人為什麼會願意幫助我？
——我是不是對過度倚賴的人很感冒？

【不過度倚賴他人】

——我在什麼情況下會過度倚賴他人？
——怎樣叫做過度倚賴他人？
——我是從什麼時候開始變得過度倚賴他人的？

——過度倚賴他人不好嗎？

——過度倚賴之後，我有什麼感覺？

——被我倚賴的人有什麼感覺？

——對方爲何願意讓我過度倚賴？

——不過度倚賴的人是怎麼做的？

——怎樣的倚賴程度才叫做適度倚賴？

——下次該如何做到適度倚賴？

【擺脫孤獨感】

——我在什麼情況下會覺得孤獨？

——我爲什麼會感到如此孤獨？

——覺得孤獨時該怎麼處理？

——怎樣的人不會感到孤獨？

——不覺得孤獨的人是爲什麼能對孤獨感免疫？

——有孤獨感會不會是我自以爲是的想法？
——感覺孤獨，會不會是某種自虐傾向？
——如何與孤獨感和平共處？
——多與他人相處就能降低孤獨感嗎？
——怎樣的人際交往方式可以降低孤獨感呢？

【達成心理上的獨立】

——該如何達成心理上的獨立？
——在什麼情況下，我會覺得自己已能夠獨立自主？
——我爲什麼很快就會想要依賴別人？
——怎樣的人看起來總是很獨立？
——會不會有些人看起來很獨立，但其實是相當依賴的？
——如果變得什麼事都能自己處理，是否就叫做很獨立？
——我爲何總是動不動就想倚賴別人？

——對我來說，獨立代表了什麼意思？

——對我來說，從爸媽家搬出來一個人生活就叫做獨立嗎？

——該如何做到即使經濟上仍有些許倚賴，但心理上是獨立的？

【能夠愛自己的父母】

——怎樣才能夠愛自己的父母呢？

——我的父母做了那麼糟糕的事，我怎麼還能夠愛他們？

——他們到底爲什麼一直對我這麼壞？

——最近爸媽有求於我，但我無法原諒他們。我該怎麼辦才好？

——父母生病、感到害怕時，就會來找我，我該怎麼照料？

——如何能夠找出父母的優點？

——很自然地就能愛父母的人是怎麼想的？

——被正常養大的小孩，個個都對父母抱有深厚的情感嗎？

——不正常家庭的小孩到底該怎麼辦？

——我什麼時候會原諒我的父母呢？

【變得有自信】

——怎樣才能變得有自信？
——我在什麼情況下會沒自信？
——什麼人總是充滿自信？他為什麼這麼有自信？
——有自信的人能為周圍的人帶來什麼樣的影響？
——有自信的人會給人什麼樣的印象？
——怎樣叫做有自信？
——我其實應該是有自信的才對？不是嗎？
——該怎麼讓自己越來越有自信？
——怎樣才能在沒自信的狀態下，依然做出成果？
——如何能夠不要太介意有沒有自信的問題？

【保持思緒清晰】

——我在什麼情況下是思緒清晰的？

——我對什麼樣的主題是思緒清晰的？

——思緒清晰有何好處？

——爲什麼思緒混亂會造成困擾？

——在哪些狀況下思緒混亂也沒關係？

——什麼人總是思緒清晰？他是怎麼做到的？

——總是思緒清晰的人看起來是什麼樣子？

——周圍的人會如何看待總是思緒混亂的人？

——能夠保持思緒清晰和頭腦聰明，這兩件事有何關聯？

——能夠保持思緒清晰和情緒化，這兩件事有何關聯？

順暢地與人溝通

【順暢地用電子郵件與交往對象溝通】

——他為什麼不立刻回信給我？
——他在什麼情況下會頻繁地寄電子郵件給我？
——是不是開始交往一陣子之後，他就嫌寫電子郵件麻煩了？
——明明講電話時都好好的，莫非他不喜歡用電子郵件？
——莫非他在工作上也不擅長使用電子郵件？
——定時傳電子郵件不知會不會比較好？
——跟別人溝通時，他也覺得寫電子郵件很麻煩嗎？
——怎樣才能避免在跟他互傳電子郵件時覺得焦躁不安？
——他似乎不太喜歡長篇的電子郵件？
——或許盡量少用電子郵件跟他溝通比較好？

【輕鬆地與上司溝通】

——經理偏好怎樣的溝通方式呢？

——經理特別討厭的溝通方式是什麼樣的？

——經理在什麼情況下心情比較好？

——經理什麼時候會心情特別不好？

——如何能夠不受限於經理的心情好壞，順利與之溝通？

——有誰是與經理溝通順暢的？他是怎麼做的？

——經理的做事風格如何？什麼樣的溝通方式能夠配合那種風格？

——經理擅長什麼？

——經理不擅長什麼？

——經理是如何與他的上司溝通的？

【輕鬆地與部屬溝通】

——與部屬溝通時該注意些什麼？

——怎麼做才能與部屬順利溝通？
——與部屬的溝通不順利時，是哪部分出了問題？
——我在部屬的心目中具有什麼樣的形象？
——部屬對我有何期待？
——對部屬來說，最容易相處的上司是什麼樣的？
——我應該如何對待部屬？
——我應該如何對待女性部屬？
——我應該如何對待男性部屬？
——我的同事們是如何對待他們的部屬的？

【能夠與所有人自在交談】

——怎樣才能輕鬆自在地和所有人交談？
——我和什麼人交談時是毫無障礙的？
——毫無障礙地與人交談後，感覺如何？

——無法與人順利交談之後的感覺又是如何？

——面對什麼人的時候，我無法自在地說話？

——有誰總是能毫無障礙地和所有人交談？他爲何能夠做到？

——在這種人的做法中，有哪些部分似乎是我可以模仿的？

——我如果見人說人話、見鬼說鬼話，別人會怎麼想？

——到底怎樣叫做見人說人話、見鬼說鬼話？

——小學時都沒有這種困擾，怎樣才能回復到那時候的狀態呢？

【不過度顧慮他人】

——爲什麼明明是我自己的事也會顧慮到別人？

——我在什麼情況下會顧慮他人？

——顧慮他人就能獲得較高的評價嗎？

——我會顧慮誰？

——我比較不會顧慮誰？

——過度顧慮他人有什麼不好？

——有誰是不會顧慮別人的？這會造成什麼問題嗎？

——我是從什麼時候開始這麼顧慮別人的？原因爲何？

——是因爲缺乏自信，所以顧慮他人嗎？

——顧慮他人是不是一種逃避現實的行爲？

有所成長、在工作上表現得更好

【能夠快速成長】

——在什麼情況下，我能快速成長？

——在什麼情況下，我能確實感覺到自己快速成長？

——我曾經在什麼時候快速成長了？

——一旦能快速成長，世界看起來是怎樣的？

——一旦能快速成長，周圍的人看起來是怎樣的？

——對我來說，怎樣叫做能夠快速成長？？

——在什麼情況下，我很難快速成長？

——很難快速成長的時候，是哪裡出了問題？

——對我來說，怎樣的環境是無法快速成長的？

——該如何改變令我難以快速成長的環境？

【在工作上表現良好】

——在工作上表現良好的人是掌握了什麼樣的關鍵？

——〇〇先生／小姐爲何能在工作上表現良好？

——△△先生／小姐爲何在工作上表現得不太好？

——我在什麼情況下能確實感受到自己在工作上表現得很好？

——對我來說，怎樣叫做在工作上表現良好？

——爲了能在工作上表現得更好，我要做什麼樣的努力？

——在試圖加快工作速度時，會遇到哪些瓶頸？

——如何在工作的速度與品質之間取得平衡？
——在工作上表現良好的人是如何兼顧速度與品質的？
——怎樣才能在把工作做好的同時，仍然保持對人溫和仁慈？

【能夠提出企劃案】

——在什麼樣的狀況下，我能一直不斷想出新的企劃案？
——我是否曾因爲不斷想出新企劃 而覺得困擾？
——能夠不斷提出新企劃案的關鍵是什麼？
——爲了提出企劃案，我該進行什麼樣的資訊收集動作？
——該怎麼收集資訊並整合成企劃案？
——爲了能提出企劃案，我必須著眼於何處？
——能夠不斷提出企劃案的人具有什麼特徵？
——能夠不斷提出企劃案的人是否講究企劃的品質好壞？
——我之所以提不出企劃案，只是因爲猶豫不決嗎？

——我之所以提不出企劃案，是因爲我覺得自己做不到嗎？

【能夠撰寫企劃書】

——如何將企劃構想落實爲目錄？

——如何構思企劃書的結構？

——將企劃書的結構整理成三種左右的模式如何？

——能快速完成企劃書的人所掌握的關鍵爲何？

——能快速完成企劃書的人通常是在何時寫？又是怎麼寫的？

——我在什麼樣的狀況下能把企劃書寫得很好？

——只要多花時間，我就能寫出好的企劃書嗎？

——如何準備用在企劃書裡的插圖、圖表等素材？

——寫了企劃書以後，該如何收尾？

——企劃書寫得好不好和企劃內容本身的好壞有關連嗎？

【豎起天線接收訊息】

——怎樣叫做豎起天線接收訊息？
——該怎麼做才能夠豎起天線接收訊息？
——我能夠一直保持豎起天線接收訊息的狀態嗎？
——我在什麼樣的狀態下，會對怎樣的主題豎起天線接收訊息呢？
——有誰是很擅長豎起天線接收訊息的呢？
——○○先生／小姐是如何一直保持豎起天線接收訊息的狀態？
——能夠豎起天線與資訊收集能力這兩者之間有何關聯？
——如何能在短時間內豎起天線接收訊息？
——能夠豎起天線與在工作上表現良好，這兩者之間有何關聯？
——若要豎起天線接收訊息，自己也必須發出訊息才行吧？

【勤於收集資訊】

——該怎麼做才算是勤於收集資訊？

——總是能妥善收集資訊的人是如何做到的？
——能夠妥善收集資訊的人會花多少時間在收集資訊上？
——在工作能力強的人，是否在收集資訊時也發揮了某些巧思？
——我該以怎樣的系統來收集資訊呢？
——該怎麼分別運用網路資訊與一手資訊？
——怎樣才不至於花太多時間在收集資訊上？
——如何能夠時時確認我的資訊收集方式適不適當？
——限制自己每天只能以早、中、晚共三次，每次各15分鐘的頻率接觸網路資訊如何？
——如何能夠徹底提升資訊收集的品質？

【維持資訊敏感度】

——如何能夠維持對資訊的敏感度？
——怎樣叫做對資訊的敏感度很高？

——資訊敏感度高的人做了什麼樣的努力？
——我在什麼情況下會覺得自己的資訊敏感度較低？
——人們對資訊敏感度低的人有何看法？
——人們對資訊敏感度高的人有何看法？
——只要持續收集資訊，資訊敏感度就會提高嗎？
——如何能進一步提高我的資訊敏感度？
——該怎麼找出資訊敏感度高的人？
——該怎麼讓自己的身邊時時圍繞著資訊敏感度高的人？

【讓自己富有感性】

——何謂感性？
——人的感受方式是依據什麼而決定的？
——誰是富有感性的人？他爲何富有感性？
——○○先生／小姐爲何被大家說是富有感性的人？

——△△先生／小姐爲何被大家說是過度感性的人？
——誰是缺乏感性的人？他爲何缺乏感性？有什麼不一樣的地方？
——如何磨練自己的感性？
——感性是能夠磨練出來的嗎？
——感性眞的是無法以言語形容的嗎？
——所謂感性，也許只是逃避以言語妥善說明罷了？

【能夠在會議中妥善發言】

——如何能在會議中妥善發言？
——我在什麼情況下，能夠於會議中妥善發言？
——我在什麼情況下，無法於會議中妥善發言？
——無法妥善發言時該如何彌補？
——誰很擅長在會議上發言？他用了什麼樣的技巧？
——誰很不擅長在會議上發言？爲什麼會這樣？

——開會前該做哪些準備工作？
——如何在會議中仔細聆聽別人的發言，再妥善發表自己的意見？
——使會議能夠順利進行的關鍵是什麼？
——如何能夠對會議有所貢獻？

【能夠做出精彩的簡報】

——如何練習發表簡報？
——要做多少練習才能建立出發表簡報的自信？
——該如何妥善組織發表簡報時要說的內容與書面內容？
——簡報做得很精彩的人在事前做了什麼樣的準備？
——簡報做得很精彩的人的思考方式、理解方式是怎樣的？
——精彩的簡報看起來是什麼樣子的？
——拙劣的簡報看起來是什麼樣子的？
——如何做出有效的簡報？

——如何讓別人稱讚我的簡報能力變好了？
——有什麼訣竅可以讓人在做簡報時不緊張？

以上總共4百個標題。只要深入挖掘各個標題，盡量朝著多元視角的方向去寫，便能輕易寫出接近1000張的筆記。

想在短時間內快速成長的朋友們，或是想要消除煩惱憂慮的讀者們，都請務必一試！

當你無論如何都想不出主題，或是還未習慣時，便可利用前述的4百個標題，省去了自己想標題的麻煩，應該就能持續練習個兩到三週不成問題。經過這樣的訓練之後，你就一定能夠成爲思緒清晰、心靈平靜的人。

第4章

徹底活用 筆記

若是再深入挖掘，筆記便能發揮進一步效果

某些內容的筆記還可繼續延伸，亦即將一張筆記中的四到六行內容分別做爲標題，再寫出四到六張的筆記，這樣就能進一步深化、釐清思緒。不論是第一階段還是第二階段的內容都會更詳盡深入，讓大腦更清新活化。

舉例來說，假設以「經理爲何不跟我說話？」爲標題，寫了如**筆記10**的筆記。這時，便可將其內容延展如下：

——他是不是不太喜歡我前幾天在會議上的發言？
——他是不是很介意我與其他課長意見不合的問題？

—他似乎總是和老婆吵架，所以大概只是心情不好吧？

—或許他只是太過忙碌，沒空跟我講話而已？

這些內容可再分別做爲標題，繼續寫成筆記。

首先是以第一行的「他是不是不太喜歡我前幾天在會議上的發言？」爲標題，寫成**筆記11**。

針對這標題，浮現腦海的詞句是：

—會不會是我在前幾天的會議上，過度反對經理的提議了？

筆記 10

經理為何不跟我說話？　2013-12-1

- 他是不是不太喜歡我前幾天在會議上的發言？
- 他是不是很介意我與其他課長意見不合的問題？
- 他似乎總是和老婆吵架，所以大概只是心情不好吧？
- 或許他只是太過忙碌，沒空跟我講話而已？

——發言內容應該沒什麼問題，或許是表達方式不好？

——我的發言真的有可能讓經理感到滿意嗎？

——發言時，要試著更符合經理所說的主題。

像這樣進一步深入，便能分析問題所在，甚至能達到自我反省的效果。

接著，第二行之後也可以用同樣的方式處理。

筆記12嘗試寫出經理有多麼介意與其他課長意見不合的問題，還有其他相關煩惱，而最後的判斷是應該不必想太

筆記 11

經理是不是不太喜歡 2013-12-1
我前幾天在會議上的發言？

- 會不會是我在前幾天的會議上，過度反對經理的提議了？
- 發言內容應該沒什麼問題，或許是表達方式不好？
- 我的發言真的有可能讓經理感到滿意嗎？
- 發言時，要試著更符合經理所說的主題。

多。像這樣寫下便能解決心情沉重、煩擾揮之不去的問題，你會知道自己不須為無謂的事情分心。

第三行可寫成如**筆記13**。

若經理只是心情不好那就沒什麼好在意，於是得出多想無益的結論。光是如此，便足以讓人放下心中的大石頭。

最後的第四行則寫成**筆記14**。

這篇筆記寫出了經理可能不是心情不好，只是太忙，於是便能清楚看出這一切也許只是自己想太多了。

一般人即使被同事勸告：「你想太多了」，往往還是難以放寬心，總會覺得「真的嗎？不是吧……」，但是這樣

筆記 12

經理是不是很介意　　2013-12-1
我與其他課長意見不合的問題？

- 他似乎很在意前幾天在課長會議上的互動狀況？
- 他是不是聽說了我在會後與金田課長起了衝突的事？
- 我與其他課長意見不合的事他似乎沒放在心上。
- 雖然隔天確實顯得有些在意，但後來似乎就忘光了。

筆記 13

經理似乎總是和老婆吵架，
所以大概只是心情不好吧？

2013-12-1

- 經理星期一通常都心情不好。
- 他心情不好的時候，我說什麼都沒用。
- 若是心情不好的問題，我再怎麼介意也沒用。
- 今天就這樣混過去吧。

筆記 14

經理或許只是忙到沒空跟我講話而已？

2013-12-1

- 經理是因為後天的企劃書還沒搞定，所以十分驚慌忙亂。
- 經理平常就已經很忙了，看來這下子更是忙得沒時間跟部屬說話吧。
- 他似乎總是和老婆吵架，所以大概只是心情不好吧。
- 應該不是我做錯或說錯了什麼吧。

一寫，通常就能夠擺脫不必要的憂慮。

透過這四張筆記的書寫，你便能深入挖掘一開始浮現在腦海的想法，能夠更正確地理解經理的想法與自己的立場。心情也會變得輕鬆，工作當然也就更順利。

再舉一例，假設以「今年如何能夠不屈不撓地學會說英語？」爲標題，結果如**筆記15**。

寫此筆記的人英語學了半天仍毫無進步，故覺得焦慮不已，而其筆記內容的第三、四行已稍微透露出該如何改善這樣的狀況。

筆記 15

今年如何能夠不屈不撓地學會說英語？　2013-12-1

- 為何每次都半途而廢？
- 即使是熱情尚未消退的那三、四個星期，為何也一樣看不到什麼學習成果？
- 找個比較積極的人一起學或許行得通？
- 是否應該要更充分地活用TOEIC？

接著將第一行內容寫成**筆記16**。

這時就能明顯看出總是半途而廢的理由了。而除了因其他的事情而分心、因爲看不到成果所以失去鬥志、學習的方式可能太單調無趣等原因之外，此筆記更透露出達成持續學習的可能方法，像是改變角度想想，看自己有哪些事情是能夠持之以恆的。

再以**筆記15**的第二行內容爲標題，寫成**筆記17**。

此筆記針對「成果」一詞，進一步提出「是眞的沒有任何成果或只是沒能看出成果？」以及「怎樣才能確實感受

筆記 16

我學英語為何總是半途而廢？ 2013-12-1

- 學一陣子後便會分心，注意力轉移至他處
- 看不到成果，所以漸漸失去鬥志
- 也許是因為學習方式太單調，缺乏變化？
- 至今為止，我有哪些事情是能夠持之以恆的？

到成果？」等問題。甚至是改變想法，從「容易看出成果的學習方式」、「是否有即使看不到成果也不會失去鬥志的方法」等富有創意的觀點來思考。

繼續以**筆記15**的第三行內容爲標題，寫成**筆記18**。

針對「找個比較積極的人一起學或許行得通？」這種以解決方案爲導向的標題，想到的是「若能找積極、不容易氣餒的人一起學習就好了」、「是找個競爭對手好？還是找個能夠帶領我的人好？」等進一步的質疑，或是提示了答案的句子。

筆記 17

即使是在積極學習英語的那三、四週內，為何也一樣看不到什麼成果？ 2013-12-1

- 是真的沒有任何成果？或只是沒能看出成果？
- 怎樣才能確實感受到成果？
- 試著改變想法，思考「容易看出成果的學習方式」？
- 是否有即使看不到成果也不會失去鬥志的方法？

最後以**筆記15**的第四行內容爲標題，寫成**筆記19**。

此筆記更進一步提出「參加TOEIC測驗以了解自身英語能力的優缺點」、「英語學習的成果與TOEIC分數是否呈正比？」、「除了TOEIC以外，還有什麼該做的？」等具體的解決方案。

像這樣寫了一張筆記之後，繼續把其中四到六行的內容分別做爲標題，以一層接一層的連鎖形式來寫，便能快速深化思考。雖然此做法會用掉很多紙張，但越寫思緒就越會清晰，所以我非常地推薦。

筆記 18

找個比較積極的人一起學或許行得通？　　2013-12-1

- 若能找積極、不容易氣餒的人一起學習就好了。
- 要去哪裡找這種人？
- 對對方來說有何好處？
- 是找個競爭對手好？還是找個能夠帶領我的人好？

你一定會發現自己的思考速度變得飛快，新的想法一個接著一個地浮現。如此一來，浪費紙張的感覺便會煙消雲散，能看得更多也更加清楚，不斷地有新發現，一切都變得越來越有趣。

當然，你還可以再繼續深入探索，並將之匯集成筆記內容。以前一個例子「是否應該要更充分地活用TOEIC？」來說，就是將其四行內容分別做爲標題來寫筆記。若採取這種以一張筆記爲基礎來發展出四到六張筆記的做法，那麼只要想出一個標題之後就不必再煩惱，可以不停地寫下去。

筆記 19

是否應該要更充分地活用TOEIC？　　2013-12-1

- 參加TOEIC測驗以了解自身英語能力的優缺點。
- 每一次測驗都去參加，如何？
- 英語學習的成果與TOEIC分數是否呈正比？
- 除了TOEIC以外，還有什麼該做的？

一旦開始深入挖掘一個標題（＝主題），困難的問題便會瞬間被分解、釐清，而你同時還有機會將事情的整體情況清楚映入腦海。

針對一個主題，從多種面向來寫筆記

除了深入挖掘的寫法之外，還有另一種寫法，就是針對一個重要主題，從各式各樣不同的角度寫出多張而非單張筆記。

這種方式具有擴大視野的效果，我也十分大力推薦。透過此寫法，你的頭腦會變得更加清晰，對於情緒性的內容也能相當冷靜地予以判斷。例如：

「我為什麼總是很快就失去鬥志？」

——即使已經下定決心，我還是很快就會因受挫而灰心喪志。

——十幾歲的時候都不會有這問題，不知是從何時開始變得如此？

——我經常閱讀，在這方面不曾受挫。

——從現在起必須讓自己能持續實行已下定決心的事才行，再這樣下去不是辦法！

寫出這樣的筆記內容後，你可以繼續寫以下這些標題的筆記：

——在什麼情況下我的鬥志會持續不斷？

——在什麼情況下，我特別無法維持鬥志？

——我對於什麼樣的事情總是能持續奮鬥？

——總是充滿鬥志的人是如何辦到的？

——有鬥志的人是如何處理負面情緒的？

——這種人是不是不曾遇到過挫折？

——能否模仿有鬥志的人的做法呢？

——到底怎樣叫做有鬥志？是指能夠忍耐嗎？

——不能夠只做有趣、讓人覺得有價值的事嗎？

在你寫完這些筆記約莫十分鐘後，思緒會變得相當清晰，開始能夠看出自己內心的真正想法，像是在什麼情況下會有鬥志、能夠持續努力，在什麼情況下又容易受挫等。

又例如：

「他為什麼不把工作上的重要資訊分享給我?!」

——他本來就不喜歡與人分享資訊嗎？之前也曾發生過類似狀況。

——他是不是覺得麻煩，所以不分享資訊？實在是很懶惰。

——他是不是不認同我，所以不和我分享資訊？

——單純只是沒有幹勁的問題嗎？他有幹勁時，還蠻常主動和我聯絡的。

同樣地，寫出這樣的筆記內容後，你可以繼續書寫以下這些標題的筆記：

——他是在什麼情況下，會與我分享資訊呢？
——他會與誰分享資訊呢？
——他知道工作上什麼事情是重要的嗎？
——他不分享資訊的時候，自己有何感覺？
——有誰是不論對象，一定都徹底分享資訊的呢？這些人為什麼能夠做到？
——而我自己有確實地與別人分享資訊嗎？
——他會不會也覺得我沒有與他分享資訊？
——人們在什麼情況下會願意與我分享資訊呢？

如此便能看出對方爲何不分享資訊、在什麼情況下會分享資訊等。而理解了無法充分分享資訊的可能原因之後，就能大幅減低「他爲什麼不把工作上的重要資訊分享給我?!」這樣單方面的不滿情緒。又或者至少已朝著解決問題的方向邁進了一、兩步。

你我都是以個人觀點來判斷善惡、好壞，因此，自己當然不太會知道是否有所偏頗。也正因如此，我們才會與別人衝突、無法了解別人的行爲，進而造成很大的心理壓力。

透過書寫多面向的筆記方式，我們就能站在對方的立場思考，比起寫筆記之前，也更能理解對方的看法以及行爲動機。而一旦能理解對方，當然就不會生氣，也能夠有效消除單方面的不滿情緒。

再舉另一個例子。假設以「明明就覺得不行，但我爲何無法直截了當地說出來？」爲標題來寫筆記。寫完第一張後，便可繼續書寫以下這些標題的筆記：

——我在什麼情況下無法直截了當地把話說出來？

——不直截了當地說話會有什麼問題嗎？

——當我直截了當地把話說出來，對方會怎麼想？

——對於說話不直截了當的我，對方是怎麼想的？

——之所以不直截了當地說，會不會是因為無法具體指出問題？

——我該直截了當地對〇〇先生／小姐說些什麼（具體地針對四到五個人）嗎？

——哪些時候該直截了當？哪些時候不適合這麼直接？

寫完這些標題的筆記後，你就能逐漸理解影響自身情緒變化與行爲的眞正原因，而這是你以往從未能做到的。

像這樣針對自己覺得重要的事物、自己變得情緒化的部分、自己還未徹底消化的事情等來進行多種不同面向的筆記書寫，將可獲得以下這些好處：

——能看到以往看不到的面向。

——能夠徹底思考尚未充分想過的事情。

——能夠深入了解原本完全無法理解的他人行為、本來極度厭惡的他人及自身行為等。能夠從另一種角度來看待事情。

——整體來說，能夠釐清思緒，能夠以全新的自我繼續努力。

寫15～20張以上，直到自己滿意為止

進行筆記訓練時，不論是深入挖掘也好，採取多面向的寫法也好，寫得順手的時候不必拘泥於一天10張，你可以盡量寫、拼命寫。

尤其是遇上惱人的事情、怎麼想都想不透的問題、因不合理的想法而胃部翻攪、意志消沉悶悶不樂等時候，請好好深入地探討，或是

從多個不同面向來書寫，只要花個20分鐘宣洩於筆記，整個人肯定能變得神清氣爽。就一直持續寫下去，寫到自己滿意爲止。

即使你認爲毫無疑問是對方不講理，寫筆記依舊能夠讓你更加冷靜地思考，如此一來，你或許有機會可稍微了解對方的立場，以及背後的理由。

當你原本對對方期待甚高，但結果卻令人失望，以致於你十分憤怒時，如果能夠理解自己的期待爲何那麼高？對方是否有努力地想不負期望？以及雖想不負期望但沒能做到等原因，你便能夠以比較不同的立場來思考。

腦中一片混亂無法清楚表達，以致於心情不好時，若能將那些混亂全部發洩出來，進而看清事物的本來面目，你的心情就會大幅改善，情緒也會變穩定。

只要看不清事物的本質，我們就容易朝向不好的方面去想，一旦看清楚了，就會覺得最糟也不過如此，事情也許會有轉機，想法也會變得比較積極、正向。當然，心情也會因此慢慢平靜下來。

當你已習慣在一分鐘內寫完一張筆記，那麼，最多也只要花個15～20分鐘便可達成這樣的效果。

進階版的筆記

我所介紹的「筆記訓練法」至此為止都是採取將A4紙張橫向平放，然後寫四到六行內容的形式，這屬於基本版。

不過，等你寫得很熟練之後，我建議你可進一步嘗試進階版的筆記，也就是如**筆記20**那樣將紙張分成左右兩欄並加上副標題的形式。而**筆記20**這個例子則是將內容分成了「至今為止所做的努力」與「今後的計劃」兩欄。

除此之外，也還有其他的標題組合可用，例如：

——「目前的問題」與「應對措施」

——「現象、症狀」與「根本問題」

——「競爭對手公司的做法」與「我們公司所做的努力」

——「優勢」與「劣勢」

——「第一方案」與「第二方案」

——「總公司所做的努力」與「各事業部所做的努力」

——「上司的角色」與「部屬的角色」

請依據標題來想出合適的副標題。

而在寫了幾百張筆記之後，這樣左右分欄的寫法一定也難不倒你。不過，當然採取這種分欄書寫的形式時，一張筆記大約需要兩分鐘的時間來寫。

筆記 20

為了學會說英語　2013-12-1

至今為止所做的努力	今後的計劃
— 原本打算提早 30 分鐘起床唸英文，結果幾乎每天都爬不起來。	— 早上實在是太難做到，所以每晚回到家，一定要花 30 ～ 45 分鐘唸英語。
— 雖然報名了英語會話班，但每天晚上幾乎都因為加班而無法去上課。	— 平日要參加英語會話班實在是太難了，所以要找找看週六或週日的班。
— 打算看美劇來學習英語，所以買了 DVD，但到現在為止只看了三次。	— 美劇感覺還是很重要，所以不管怎樣每天都要看一集，六、日則各看兩集。
— 打算嘗試 Skype 英語會話課程，但老覺得尷尬又麻煩，所以沒能持續下去。	— 為了激勵自己，每一次的 TOEIC 測驗我都要參加。

筆記與邏輯樹狀圖的關係

依據詞彙的關聯性所整理而成的樹狀結構，就叫做「邏輯樹狀圖（Logic Tree）」，而其實這和深入挖掘型的筆記是一樣的。

如左頁的例子，假設在邏輯樹狀圖中，A擁有A-1、A-2、A-3、A-4這些子元素，而A-1又有A-1-1、A-1-2、A-1-3、A-1-4等子元素。

如果是深入挖掘型的筆記，那麼，A就相當於一開始的筆記標題，A-1、A-2、A-3、A-4爲其內容，而A-1便相當於第二張筆記的標題，A-1-1、A-1-2、A-1-3、A-1-4則是其內容。

觀察該圖就能清楚看出，上方邏輯樹狀圖與下方深入挖掘型筆記的層次結構對應得非常整齊。

然而，兩者的不同之處在於，筆記在書寫時是完全不考慮結構的，可以想到什麼就寫什麼，只是事後並排檢視時才會發現，這些內容自然而然地就和邏輯樹狀圖一樣條理分明。

一開始就要將思緒整理成樹狀結構並不容易，不僅費時費工壓力又大，在不熟練的情況下是很難看清整體大局的。

若是寫筆記就完全不必擔心這些問題，只要以一張一分鐘的速度寫下去，層次結構便會自然顯現。

邏輯樹狀圖與深入挖掘型筆記是相互對應的

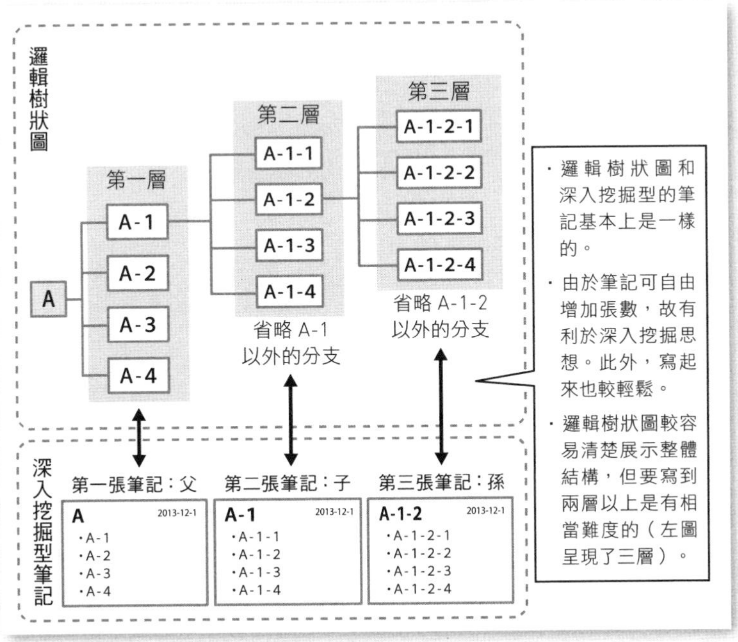

運用筆記來建立企劃書

寫企劃書超麻煩的，這個也想寫進去，那個也想列出來，各種點子不斷地浮現了又消失、再浮現卻又再度消失，根本兜不起來。

有時是沒什麼東西可寫，有時則是對自己的構想不具信心。該如何收集寫企劃書用的材料？如何才能提出有相當程度自信的構想？這些事情沒人會教你。

若你身邊有人願意教你這些，那麼你很幸運，但事實上少有人能獲得正中紅心的建議。很可惜，大多數人給的意見都只是見皮不見骨的表面工夫罷了。

市面上有很多介紹企劃書撰寫技巧的書籍，但看了也還是寫不出好的企劃書。能夠下筆如飛的人是少數，絕大部分的人都是絞盡腦汁才能勉強擠出幾頁。花了大把時間卻還是沒信心，好不容易寫出來的企劃書被上司批得一文不值可說是家常便飯。

不過，只要習慣了本書所推薦的筆記訓練法，你就能以短短30分鐘左右的時間完成企劃書的主要架構。你可以寫得又快又輕鬆，毫無壓力地就完成了企劃書的基礎形象。有了架構，有了形象，要再加進內容就相對容易得多。向來難搞的企劃書、制定工作表，這時都變得前所未有的簡單。

以筆記建立企劃書的步驟

1. 把想到的點子全都寫下來，寫出幾十張筆記，完全不管結構
2. 將筆記攤開排列以便檢視
3. 若想到新的點子，就補充進去，並加以整理
4. 調整整體平衡
5. 一邊檢視筆記，一邊製作 PowerPoint 文件

接下來，我將一步一步地爲各位介紹其具體做法。

把想到的點子全都寫下來

首先將浮現腦海的各種構想，以一個一張的形式逐一寫成筆記。所謂一個一張，就是將一個主題（＝標題）寫成一張筆記，每換一個主題，就要換一張寫。

寫下標題後，若有靈光乍現，那就寫個四到六行；若沒有靈感，只留標題也可以。在這種情況下，一張筆記通常花不到一分鐘時間，只需十到數十秒就能完成。

假設你必須在下星期前想出「以無法滿足於傳統海外旅遊的人爲目標對象的全新旅遊企劃」，那麼，你也許會想出以下這些標題：

——非制式行程，而是集合了所有想去地點的企劃。

——能在當地彈性變更的企劃。
——與其去想去的地方，不如和想去的人一起去的企劃。
——非一般觀光，而是專門享受美食的美食之旅企劃。
——非一般觀光，而是專門享受當地平民美食的美食之旅企劃。
——品味當地家常菜的旅遊行程。
——與當地同好友善交流的旅遊行程。
——探索最愛電影的男主角出生成長地區的旅遊行程。
——由男女各20人協助建造緬甸小學校舍的旅遊行程。
——在台灣尋找日本文化根源的旅遊行程。

或者，若是要想出「人人都能開口說英語之全新英語教育企劃」，那麼，標題可能包括了：

——讓耳朵習慣英語的聲調。

——以玩遊戲的方式進行聽力競賽。

——透過集中學習英語發音特徵的方式，在短時間內強化聽力。

——嚴選50篇重要文章，徹底反覆朗讀。

——能自動顯示練習次數，並算出排名。

——閱讀自己感興趣領域的英文文章。

——在網路上的英文文章中，只挑選所偏好領域的文章，然後以較大字體發送。

——能在大聲朗讀時評分，並將成績依排名順序顯示。

——讓大家在網上實際朗讀同一篇文章，以此方式競賽。

——在短時間內集中教導某些可讓人產生英語變好錯覺的聲調、發音方式。

——Skype英語會話總是難以持續，故提供可讓人想持續下去的機制、排名系統及社群功能等。

而「替了無新意的國中同學會，注入樂趣與活力的企劃」或許會讓你想出這些標題：

——之所以會了無新意，是因為總是只有同樣的幾個人出席↓想辦法讓不來的人願意參加。
——於事前分享國中畢業後做了哪些事，讓大家對彼此產生興趣。
——讓參加同學會的人彼此之間持續進行某些活動。
——設計成讓家人也能一同參與的歡樂活動。
——播放國中時期流行的音樂、電視劇及電影等。
——在兩週前，就以電子郵件發送國中時期流行的音樂、電視劇及電影等YouTube影片，藉此喚起大家的回憶，同時連結當天的活動。
——在國中校園附近的餐廳舉辦同學會，並盡可能安排能讓大家回想起那些日子。

──收集當時的照片，製作成讓人忍不住想看的影片，好讓大家回憶起國中時期。

──製作班級網站，並讓大家能自行上傳當時的照片等資料。

想到什麼內容都可直接寫下來，像這樣寫，點子就會自然而然地不斷冒出來。在書寫的過程中，你將越寫越有感覺，腦袋裡會有越來越多構想浮現。然而，即使是類似的構想，也別寫進同一張筆記裡，一定要另外寫一張。寫好之後，再將所有筆記攤開排列在一張大桌子上。

綜覽所有筆記，這時若又想到其他點子一樣馬上寫下來，經過20～30分鐘，寫了幾十張後，差不多就會覺得靈感已耗盡。接著從中暫定一個感覺最理想的點子，不要猶豫不決，畢竟只是暫定而已。就像「這個吧？好，就是這個了！」，憑感覺挑選即可。

繼續針對暫定的構想，以一件事一張筆記的方式寫出此企劃，以什麼樣的人爲目標對象（目標使用者、目標客群）？企劃目標爲何？該如何實現此企劃？或是該花多久時間來做？費用會是多少？該由怎樣的團隊來執行？這約莫會寫出10～15張。

而關鍵在於要「不假思索」地寫，把你感覺到的、浮現在你腦海的立刻記錄下來即可。結構如何、是否清楚易懂、起承轉合什麼的，全都不必在意。一旦少了這些限制，每個人的靈感都會豐富好幾倍，人類原有的想像力、創意與創造力便能夠充分發揮。

所謂「不假思索」，就是不要想太多，直接把冒出來的想法立即記錄下來就好。越是刻意地去想，反而會越難快速、深入地思考。越是想把話說得幽默風趣，實際上說出來的越是古板僵硬。爲了徹底根除這毛病，才要把想到的東西一個接著一個地寫成筆記。

只要有意識地進行這樣的筆記書寫，便能進入某種類似入迷、出神的狀態，點子一定會源源不絕地湧出。點子一旦湧出，就要趕在它消逝之前快快寫在紙上。雖說是點子，其實也不見得是什麼驚人的創意，我指的是「這樣做好了」、「這該怎麼做好？」這種程度的點子，能在此過程中不斷湧出。

舉凡脈絡、故事、理論等，請全都拋在腦後。因為這些東西你就算不去想，也都會自然而然水到渠成——這正是最重要的關鍵。我們要全力避免因考量組織方式、試圖結構化，而使得大腦變得遲鈍。

將筆記攤開排列以便檢視

從寫出來的（直到靈感耗盡為止）幾十張筆記之中，選出似乎可用的20～30張排列於桌上。完全不必介意什麼水準高

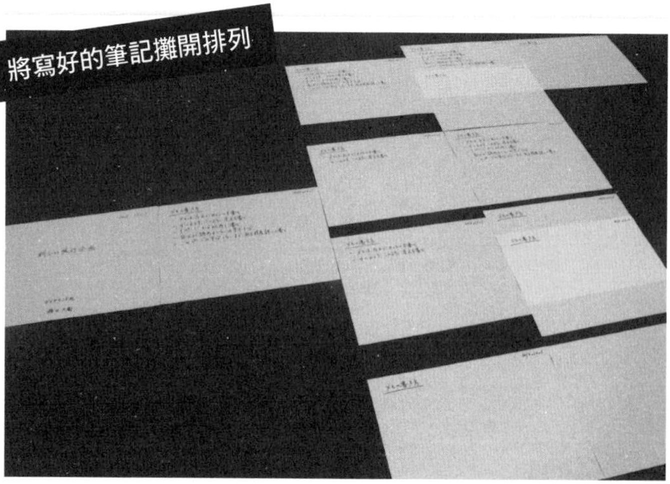

將寫好的筆記攤開排列

低、內容豐富與否等問題。寫的時候不要絞盡腦汁，而是要順著感覺，想到什麼就寫什麼，只要寫出來後能夠排列於桌上就行。

將寫好的筆記依據目錄、企劃主旨、目標客戶及使用者、服務及App等具體功能、行銷計畫、選項比較、時程安排、執行編制、必要資金、預算規劃等類別分開排列。這時需要在比較大的桌子上作業。

例如，在右頁照片中，由左而右依序排列了封面、目錄、對應目錄的各章，最後則是屬於各章的多張筆記。此時請一邊排列，一邊調整、改寫部分筆記的內容，藉此加以整理。

若想到新的點子，就補充進去，並加以整理

檢視排列於桌面的A4筆記，這時若又有新點子冒出來，就再繼續寫，千萬別在意什麼結構不結構的。若有同樣內容被分別寫成了兩張，請在此時將之改寫並整合成一張。倘若發現有某些部分寫得不夠充分，

有所缺漏，也請立刻補寫一張，每一張都要在一分鐘內寫完。正因爲每張都花不到一分鐘，所以捨棄時完全不會覺得可惜，想寫的話馬上就能再寫出來，要有幾張就有幾張。

整理時，請將重點放在此企劃能否引起目標使用者及客戶的共鳴、能否令他們心動、讓他們印象深刻等層面。因此，你一開始就必須準確地決定出目標使用者及客戶是誰，這點出乎意料地相當困難，而這是有原因的。

其一，很多人都認爲「目標對象該是誰」這種事情是很顯而易見的，但實際上，並不是這樣的。往往整個工作團隊對此缺乏一致的看法，而即使看法大致相符，具體認知還是不同。自己所想的和團隊成員或工作夥伴所想的經常還是有落差。正因爲覺得目標使用者及客戶理所當然就是這群人，便覺得不需要特意解釋，所以這樣的認知差距總是很晚才被發現。

例如，認爲自己的企劃是以「20到30歲女性」爲目標，工作團隊卻是以「25歲以上的女性，以30歲爲中心，也包括未滿50歲的女性」爲目標；又或是自認爲企劃是以「30到40歲的宅男」爲目標，工作團隊卻是以「25歲以上喜愛電玩遊戲的男性」爲目標等，諸如此類嚴重的基本錯誤都是有可能發生的。

其二，目標對象設定得不夠明確。像「20到30歲女性」這樣的定義就目標對象來說範圍太大了。對於「居住於市區，仍與父母同住的20到30歲女性」這樣的目標對象，與「每個月花在服飾、化妝品的費用在一萬台幣以上、擔任非專業的一般性工作，而且單獨居住的20到30歲女性」這種目標對象來說，能引起共鳴的企劃可是大不相同。

其三，本來就沒考慮到目標使用者及客戶的部分，說得更直接點，就是沒有認眞想過。這可說是基本的態度問題。拼命地想點子，但卻幾乎不考慮「對誰？」，創意僅止於「好像還蠻有意思」的程度。要知道「想點子的時候不必在意結構，只管盡情發揮」和「不用考慮這企劃對誰來說是有趣的」是完全是兩回事。

基於上述各項理由，目標使用者及客戶絕不能只有粗略的定義，必須盡可能具體、明確地決定才行。而每個構想的目標對象差距很大是正常的。像是先前的「人人都能開口說英語之全新英語教育企劃」，其目標使用者便可分為以下幾種：

—特別喜歡英語，而且很認真唸書的高中生。
—真的想把英語學好，也有留學打算，因此努力學習的大學生。
—想在幾年內出國留學，具有強烈企圖心20～30歲社會人士。
—已確定將派駐亞洲地區而急需學好英語的30～40歲社會人士。
—母公司變外商，必須用英語向上司報告的40～50歲社會人士。
—對英語教育的興趣迅速提升，必須擁有流暢理想的英語會話的英文老師。

這些目標對象的學習環境、需求、能負擔的費用多寡等都完全不同，若不分開考量，那麼，寫出來的企劃對誰來說都不會有魅力，也無法引起任何人的共鳴。

調整整體平衡

補寫了五到十張之後，再試著重新排列一次。一邊排列，一邊要思考這樣的順序、內容是否能夠打動同事、上司、客戶或投資人，能讓他們覺得滿意。若覺得不妥當，就再改變順序，加寫新的筆記，並持續調整。還要模擬上司的角度、客戶的角度、投資人的角度，不斷地反覆推敲、想像、修正。

一旦修改了一處，就會有其他地方也需要修改；繼續修改該處，則又會有別的部分也必須調整。正因爲經過了這種修改後又再重新評估整體的反覆循環，你才能夠以最恰當流暢的順序說明此企劃。

只要筆記寫得夠熟練，從開始發想至此，只需花費30分鐘到一小時左右的時間。基本上，這個以筆記建立企劃書的程序，就是先將腦袋裡的想法一口氣釋放出來，然後一邊檢視一邊添加新點子，接著以極快的速度修正，同時形塑整體。

一邊檢視筆記，一邊製作PowerPoint文件

企劃書的架構一旦成形，便輪到PowerPoint（或是Keynote）上場。這時請一邊檢視排列於桌面的筆記，一邊依序製作封面、目錄頁及各章頁面。有些頁面可能只有標題，有些則只有三、四行內容，這都沒關係，就照著筆記製作即可。

此步驟與其說是邊想邊打，其實更像是一邊看著攤在桌上的筆記，一邊把內容輸入至PowerPoint；也就是只要建立投影片頁面，並輸入對應的筆記內容即可。而進行速度是從啟動PowerPoint之後起算，約莫於30分鐘內將筆記輸入完畢，再完成整體結構。

這時，你寫在筆記上的、塗在筆記上的，已全都放進PowerPoint。雖然原本的筆記紙張都該用釘書針釘起來做爲記錄保存的，不過，這時已經沒有必要再去看它了。因爲這些東西都在你的腦袋裡，也做成了PowerPoint投影片，經過改善後，變得更易閱讀。

接下來請一邊檢查、評估目錄與各章頁面，一邊爲各個頁面填入內容。對於直接依照筆記輸入的內容，你又會冒出許多相關的構想，請盡可能將這些構想全都反映出來。

至此，企劃書的製作會變得進展迅速，非常地輕鬆而無壓力。不必太在意整體結構，只要分別整理各個構想，再填入內容，就能逐步完成所有細節。

等待數日讓企劃書成熟，再微調細節使之更臻完美

企劃書完成後，至少要先放著一天不去管它，可以的話，多放幾天

會更好。在此期間，企劃書基本上已完成，因此，在「不必拼命寫到交期來臨爲止，也沒有什麼還需要增補，已經都寫完」的狀態下，可暫且去做別的事。

如此一來，你就感覺不到壓力，故在某個程度上也能夠變得比較客觀。這時才可能陸續有「這部分好像寫得有點難懂？」、「啊，改成這樣會更好！」等發現。

一旦發現缺點就逐一修正，然後再放著一段時間不去理會。經過這樣的等待成熟期，企劃書的品質就能大幅提升，效果相當令人驚艷。

而我在麥肯錫時的做法還更激進，給客戶的簡報總是在一週前就會徹底思考過，並完成專案報告與計畫書，甚至還會把內容打散後再重新結構一次。也就是將企劃書準備到能對客戶充分說明的程度之後，再把內容打散。雖然打散了，但重要的分析與行動計劃等都已完成，故只要花費短短的幾個小時時間，就能從「起承轉合」改爲「合起承轉」，也能夠整理並修正對問題的理解方式與看法。

之所以採取這種打散重組的手法，是基於解決問題的步驟，與對客戶而言最有效的溝通方式不見得一致的觀念。在絕大多數情況下，此程序都能讓你的企劃、報告脫胎換骨，變得能更有效地說服客戶。

讓團隊成員和家人也開始寫筆記

鼓勵周圍的人寫筆記

本書所介紹的筆記訓練，若能從你一人擴大到整個工作團隊的所有成員，便有機會達成更理想的結果。首先，筆記訓練能提升整個團隊的速度感。因爲要以一張A4紙在一分鐘內寫完爲目標，故檢討、分析、決策、執行等所有動作的速度都會明顯加快。多數人容易發生的思考無限迴圈問題會大幅減少，與職責及角色分工等有關的無止盡爭議也幾乎都會消失。

更棒的是，由於有了共通語言，所以溝通起來又快又順暢，少了衝突對立，便能以極高的效率進行專案。

如果所有成員都寫筆記，則當團隊內快要產生摩擦、衝突時，由於各個成員都會寫筆記抒發，便能夠防患未然。即使眞的有了衝突，也能快速解決。也就是說，團隊的自動復原能力會增強，也變得更加團結。

而令我又驚又喜的是，甚至曾有人問我這種筆記訓練是否適合讓小孩子進行。這位父親自己開始寫筆記之後，便將寫法分享給自己的太太和還在念小學的孩子，讓他們也都開始進行筆記訓練。小學生已有足夠能力寫筆記，而且從小學就開始鍛鍊，將來肯定大有可爲。

一邊聽對方傾訴煩惱，一邊替他寫筆記

至此爲止，我所介紹的筆記書寫，全都是由自己記下自己的想法。但其實，若能在傾聽對方訴說的同時，以筆記形式記下內容，對方往往會因爲「變得思緒清晰」、「煩惱、憂慮一掃而空」而十分開

心。畢竟很多人都不懂得如何整理情緒，並經常為此困擾不已。

任何人只要進行一個月左右的筆記練習，持續寫出3百張筆記，釐清問題的技巧幾乎都能提升，彷彿變了一個人似的。不僅能更仔細傾聽對方說話，還能為對方妥善整理說出內容。

而在這種情況下，寫筆記的重點在於一邊聆聽一邊記錄要點，所以不需要趕時間。亦即只要認眞傾聽對方訴說其困惑、煩惱，同時將內容要點一一記錄下來就行了。

透過替對方寫筆記的方式，對方的消極態度、被迫害感等便會在某個程度上有所緩和，心情就能變得稍微積極一些。

請將你寫好的筆記交給對方，這樣對方通常都會對此筆記訓練產生興趣，而你也可簡單地教他一些重點技巧，若能當場讓他練習寫個幾張會更好。由於情緒不可能立刻完全平靜下來，故要建議他回家後再寫個10～20張，這樣應該就能進一步感受到寫筆記的效果。而建議對方寫筆記的你，個人形象也會大幅提升喔！

第5章

筆記的整理與活用

將筆記分類收入透明文件夾中

一旦開始每天寫筆記，便會大量累積。光是將腦子裡的各種煩惱、念頭寫出來，效果就非常好了，若能再進一步分類整理，那麼思緒還會再更清晰、更有條理。而最有效的分類整理方式，就是使用透明文件夾。

如果每天寫10張筆記，兩星期就會累積140張。這些筆記要是一直放著不管，很快就會變得難以收拾，因此，在開始寫之後的第四到第五天，便將筆記

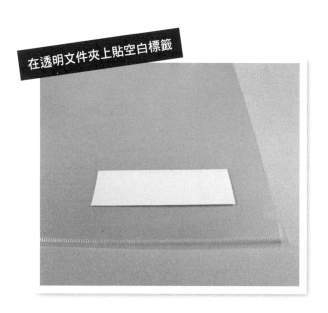

在透明文件夾上貼空白標籤

分成五到十個類別。其具體做法，就是準備A4大小的透明文件夾，貼上標籤後做分類整理（如下方照片）。

請在距離文件夾下緣3公分左右的位置，根據文件夾的名稱長度貼上大小合適的空白標籤。之所以要貼在離下緣稍微遠一點的位置，是因爲若貼得離下緣太近，當文件夾裡塞進越來越多筆記而變厚時，標籤就容易脫落。

另外，文件夾名稱不要用原子筆之類的油性筆來寫，用麥克筆寫會比較清楚。也正因爲如此，不論在住家還是辦公室，都要準備一支麥克筆備用才行。

用麥克筆在標籤上寫上文件夾名稱

筆記的分類要以自己有興趣、常寫的領域為主。以我自己為例，我的分類便包括了：

①未來願景、想做的事
②人際溝通
③團隊管理
④新點子
⑤曾有過的想法
⑥資訊收集
⑦曾聽過的說法
⑧會議
（除了這些之外，還有依專案分類的文件夾）

①**「未來願景、想做的事」**這個分類所收集的是，與今後打算做

的事、一直想做的事、如何突破現狀等相關筆記。而雖非必然，但此分類中的筆記內容，多半都能成為我個人的精神指引。

②**「人際溝通」**是我最關心的主題。我總是在思考怎樣才能和公司同事及其他公司的人有效溝通。而我最想知道的，是如何能對對方所說的話產生強烈興趣，進而與對方一拍即合。我有時確實能做到這點，但有時卻會在會議開始沒多久便立刻感覺到「啊，真糟！我沒辦法跟這個人好好溝通。」接著，就想盡辦法讓會議早點結束。像參加這樣的會議後，我往往會寫很多筆記。如何能在與人接觸時，表現得更親切友善一事，對我來說是相當重要的主題之一。

③**「團隊管理」**則是在我進入麥肯錫顧問公司之後，突然變得極為重要的主題。因為我必須在幾乎沒有顧問經驗的狀況下，有效推動四到六人的客戶團隊，以完成大量的分析與訪談，並提出能大幅改善

該公司業績的建議。到了第四年，我開始負責LG集團的經營管理改革工作，更必須同時執行並推動10個以上的專案，並建立出能讓每個麥肯錫成員、客戶團隊成員都能持續發揮能力、做出成績的環境。

即使是以新興企業的合資創業、經營管理輔導等工作為主的現在，專案管理、創業團隊管理，以及提高生產力、「成功的團隊建構」等都是永遠的課題。在這方面我總會思考很多，會突然憶起相關事件，也經常反省，不時便會覺悟到「那時如果這樣做就好了」。

④「**新點子**」這個分類誠如其名所收集的，就是有關事業或自己覺得可行的新構想。只要一想到新點子，或因某些刺激而產生靈感時，我都會趕快寫成筆記。甚至是「為何我沒想到？」、「怎樣才能想到？」等想法也都一一記錄。

會去想到新點子並且實行的人，和聽了別人的點子後只會放馬後砲地覺得自己先前也想到過，或是覺得早該想到而後悔不已的人，兩者之間是有很大差距的；不過，我還是會老實地把這些想法都寫出來。因此，這個分類也許該改成「新點子二三事」會更貼切。

⑤ **「曾有過的想法」**所收集的，是除了前述各類以外，所有與我常思考與煩惱有關的筆記。像是如何能進一步提高工作成果？電子書今後可能會有何發展？該怎麼做才能學會說英語？範圍相當廣。

⑥ **「資訊收集」**文件夾所收集的，是關於資訊的收集方法、有效率的整理手法、收集資料的內容、搜尋方式等，另外也包括記錄了某些方法效用與否的筆記。總之，所有與資訊收集的想法、煩惱等有關的筆記，都收在此分類中。很多人不太重視資訊收集，但其實它對於彈性思考和累積多元知識來說都非常重要。

如何每天利用短暫的時間有效收集資訊，不斷增加知識並加以運用，這會對一個人數個月後的成長幅度有著很大的影響。所以我一直都很喜歡寫與資訊收集有關的筆記。

由於提高生產力的各種服務不斷推陳出新，相關的技術、方法便不時需要稍微修改，故一旦對此分類有所鬆懈，那就非常可惜了。等你注意到的時候，好的技術、好的方法早已眾所周知了。

⑦ **「曾聽過的說法」** 其實不屬於本書至此爲止所介紹的筆記。在聚餐或聽演講時，一旦聽到很棒的話語，我一定會用A4紙徹底記下。這就和一般人所說的筆記一樣，盡量將那個人所說的話一字不漏地記錄下來。也因此，只有在寫這種筆記的時候，每張A4紙不限於四到六行，而是要由上而下寫滿整面。

具體做法就是將A4紙張朝橫向平放，先從左半邊寫起，由上而下寫滿半邊後，再換到右半邊以同樣方式繼續書寫。由於內容豐富，故必須以很快的速度持續書寫。以一個小時的演講來說，大約能寫出三到五張，而其重點在於記錄必須完整確實。

在聚餐之類的活動中，有時並不方便寫筆記。因為一寫起筆記大家便會有所警戒，談話就會中斷。所以就氣氛而言，這實在不是能寫筆記的場合。遇到這種情況，我都會在回家的電車上回想，將記得的內容寫成五到七張筆記。多做幾次後，我幾乎能把所聽到的重要內容毫無缺漏地重現於筆記中。聚餐總是動不動就超過兩小時，所以寫出來的筆記可說相當有份量。而與數字有關的內容往往無法清楚記住，因此，我會利用中途離席去上廁所的機會偷偷記一下筆記，畢竟要是在人家面前大剌剌地記下數字，可能會讓對方深感困擾。

由此可知，「曾聽過的說法」文件夾可說是智慧的寶庫。這分類或許有些令人意外，不過眞的是相當方便好用。不只是本書所討論的筆記，每當要分類事物時，建立一個「其他」類往往就能解決不少煩惱。雖然「曾聽過的說法」並不是「其他」，但包含範圍很寬廣，也的確具有保留彈性、方便分類的功用。

⑧**「會議」**文件夾所收集的筆記，是以和「曾聽過的說法」筆記一樣的方式寫出來的。在每天參與的幾場討論、會議中，把有必要記錄下來的內容簡單地寫成筆記。當專案相關的筆記、資料數量眾多時，就可另外獨立分類至該專案的專屬文件夾裡，只有較零星的筆記才放入此文件夾。

此外，公司開會時偶爾會發A3尺寸的書面資料，這時候我會把資料的表面朝外對折，然後直接放入所屬分類的A4文件夾中。

重新檢討文件夾的分類

你可暫且先依照前述我建議的方式分類文件夾，也可根據自己的喜好做些調整。當筆記的數量超過100張時，依據每個人對問題的敏感程度、筆記的收納環境、個人需求等不同，你會開始覺得文件夾的分類方式不是很合用。

若你每天睡前要分類存放筆記時，煩惱不知該將筆記收入哪個文件夾，並因此反覆寫出這樣的筆記，這就是信號了。

例如：

1. 你準備了「團隊領導」與「團隊管理」這兩個文件夾。
2. 對於已寫好的筆記，常常不確定該歸類至兩者中的哪一個好？
3. 你的腦子裡總是浮現與「領導力」有關的標題，故會寫出大量的相關筆記。

這時就可將「團隊領導」與「團隊管理」兩個文件夾合併成一個名爲「領導力」的文件夾。只要把原本放在那兩個文件夾裡的筆記全部取出，依日期順序重新整理，再放入新文件夾即可。

因爲「團隊領導」與「團隊管理」對你而言是兩個重要的關鍵詞，所以你會用這兩個詞彙來做分類，但其實在你的想法裡，這兩者並沒有眞的區分得那麼明確。

若你在合併文件夾後繼續寫筆記，而分類時都能毫不猶豫地將合適的筆記放入「領導力」文件夾，那麼這個新的文件夾分類就是正確的決定。

此外，你也有可能需要將單一文件夾分成兩個。當放入「團隊管理」文件夾的筆記可大致分爲「部屬管理」和「專案團隊管理」兩大類。當你每次將筆記放入此文件夾時，常常都會覺得「啊，這算是部屬管理吧」或者「這應該算是專案團隊管理」，那麼就將它分成這兩個文件夾會比較好。

有時你可能對文件夾的分類沒有疑慮，但對文件夾的名稱卻有些猶豫，這時別想太多，就趕快改寫名稱吧。例如，原本某個文件夾的名稱爲「領導力」，但放進來的筆記幾乎都與老闆的領導力有關，改以「老闆的領導力」爲標題顯然比較合適。

又例如「人際溝通」這個分類，當這個文件夾裡與人的應對往來、關係建立等有關的筆記變多了，而且你覺得日後還會再繼續增加，那就可稍微調整，改成「人際溝通與應對往來」這樣的名稱。

正因爲文件夾的名稱有時需修改，所以在文件夾標籤的處理上得費點心思才行。若文件夾名稱可能會變更多次，那就需要好貼且不易脫落，必要時又能輕鬆撕下更換的標籤。

就我所知，有一種標籤產品確實能達成如此矛盾的目的，那就是3M的Post it修正帶（Cover-up Tape），這是一種「貼上之後能再撕下的修正帶（附有切割器）」。使用時只要拉出大約符合文件夾名稱的長度，貼至文件夾，再以必備的麥克筆寫上新名稱即可。

這樣的簡單動作其實對於思緒的整理

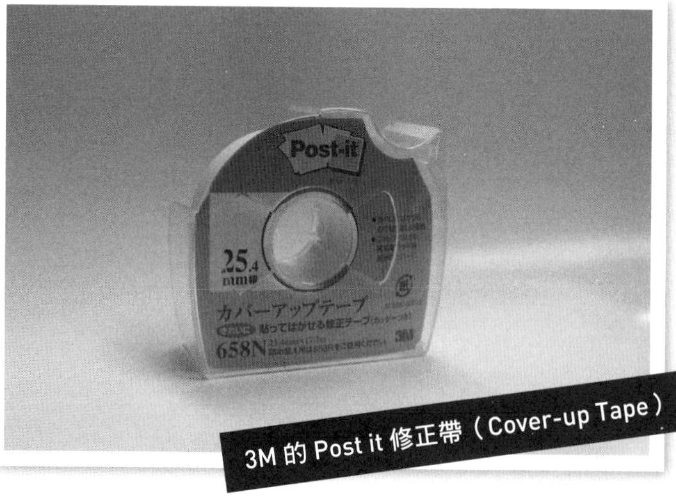

3M 的 Post it 修正帶（Cover-up Tape）

也是有影響的。據說，有人是一定要桌面散亂才會覺得安心，但我是覺得能盡量整理得整整齊齊比較好，這樣就不必多花時間找東西，通常幾秒內就能取得所需資料。而桌面整理的關鍵和前述文件夾的處理是一樣的，也就是要妥善分類。若覺得分類做得不夠恰當，就改到恰當爲止，然後安排能大量存放的空間。

文件夾的分類歷經此過程後一旦穩定下來，就不再有變更的需求。你會覺得問題已妥善釐清，所寫的筆記也都各有所屬，能分別放入最合適的文件夾。當你換工作、升遷、改變職務時，又會需要稍微重新評估分類。不過，只要整理過一次文件夾，要再評估、更改文件夾分類就會輕鬆很多。這也是因爲利用了實體文件夾來整理思緒，故能夠明確掌握重新評估分類的技巧與步驟的關係。

每次展開新工作、新關係時，就準備新的文件夾。像我個人就新增了「環保科技」與「3D印表機」等文件夾，都是在我展開新活動時增加的。這樣的整理還眞是令人神清氣爽呢！

我會將透明文件夾堆在桌子左側。只要每晚睡前，把當天寫的10張筆記分類收進各個文件夾，瞬間就整理好了。

當文件夾越來越厚時，就加上編號並移至他處保存。放在桌子左側的文件夾總厚度頂多五到七公分，更厚就會不太好處理。雖然有些透明文件夾我會隨身帶著，但絕大部分都還是放在桌上。

請注意，筆記不能讓別人看的，畢竟裡面寫了很多怨言與問題，甚至可能有人名。因此，若有被公司的人或家人看見的疑慮，還是藏起來比較妥當。

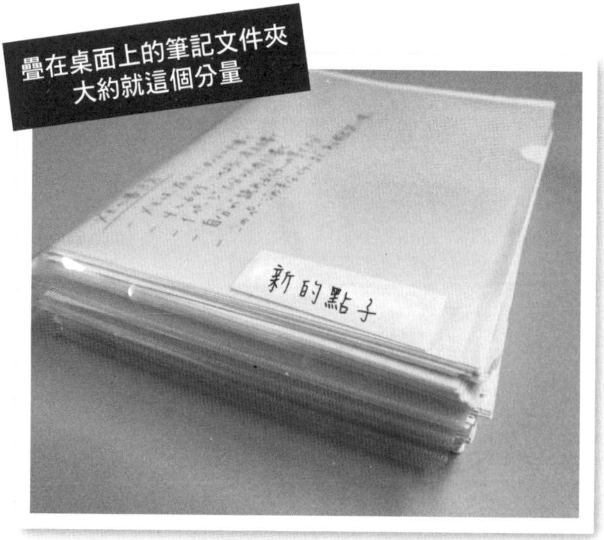

筆記的保存方法

每天都寫10張的話，六個月就有1千8百張，一年則是3千6百張，全都不能丟，保留起來比較好。因爲這些是你成長的證據。

誠如後述，筆記放了六個月後已沒必要再回顧，然而，筆記的存在本身就是思考累積的證據，也是成爲你自信的來源。

一個透明文件夾最多可裝3百張左右的筆記，所以3千6百張便等於12個透明文件夾。若以堆疊的方式收藏，並不會佔太多空間。我把過去所有的筆記都放進紙箱保存，再將紙箱堆在書架上，其實並不

筆者累積了多年的筆記文件夾

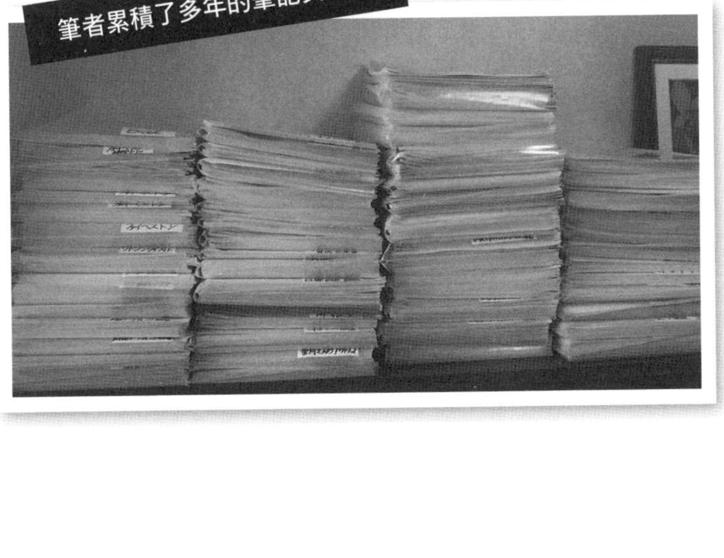

會造成困擾。存放空間確實是個會讓人顧慮的問題，不過，我還是比較建議盡量全都保存。

平常不須回顧筆記

只要將每天寫的筆記分別放入透明文件夾，平常完全不需回顧檢視，寫完了便收起來。若想到重覆、類似的標題也沒關係，就再寫一次，不必猶豫，畢竟只有一分鐘時間，還是直接暢快地宣洩腦袋裡的東西比較重要。

正如我先前說過的，你不需要回頭看以前寫了什麼，重新寫一次就是了，即使標題、內容稍有差異，也完全無所謂。本來寫筆記的目的就不是爲了前後比較，因此稍有不同是絕對不成問題的。

針對自己所關心的主題、標題，不斷反覆書寫，這就是此筆記訓練中最重要的部分。在這不斷反覆的過程，原本含糊不清的想法會逐漸文字化，被清楚呈現，並透過視覺化的方式進一步深化其言語表達。

若眞是自己關切的話題，很有可能在幾星期到幾個月的期間內就重覆寫了五、六次，甚至是十次以上。一旦寫了這麼多，就一定已充分掌握內容，心情也處於非常爽快和振奮的狀態，思緒也會極度清晰。

我當初進入麥肯錫顧問公司時，針對「該如何面談？」、「該如何統整面談結果？」、「客戶團隊管理該怎麼做？」、「報告該怎麼寫？」等主題不知反覆寫了多少次筆記。但也正是透過這樣反覆的書寫，我才得以一一弄懂各種基本顧問技巧，同時找出最佳方法，進而急速提升技能。

每三個月整理一次文件夾，迅速瀏覽

平常只要將寫好的筆記分別收進各個分類的透明文件夾，一直持續累積存放即可；這樣應該就已充分獲得宣洩或掃除煩惱的效果。即使不逐一回顧，只是隨心所欲地寫，頭腦也會迅速變好並有效地運作。

不過，爲了確認自己的成長歷程，你可以每三個月迅速瀏覽一下累積的筆記。由於新的筆記一定是堆放在文件夾的最上層，所以就分別將各文件夾中的筆記以相反順序重新排列，也就是依日期順序，讓最舊的筆記放在最上層。這個動作只要幾分鐘就能完成，而你也只需利用重新排序的這幾分鐘，快速瀏覽一下舊筆記就夠了。

每天10張，三個月共約9百張，一旦全部瀏覽可是相當有成就感的。在這過程中，「欸？那時我竟然在想那個。原來我曾經煩惱過那些事啊！」諸如此類的發現應該不少。即使你每天只寫3、4張，累積三個月也有3百張左右，快速瀏覽時，也一定能有不少新發現。

再過三個月後，做最後一次的回顧

再經過三個月後（亦即筆記寫好後過了六個月），除了整理新增的筆記之外，請針對前一次重新瀏覽過的部分進行最後一次的回顧。這時你將驚訝地發現，大部分內容你竟然都記得。

有些筆記甚至會讓你覺得「到底是誰竟能寫出這麼好的東西」，既完整又具說服力。到底是誰呢？當然就是你自己囉！

像這樣每三個月、六個月回顧一次，你便會清楚了解自己曾經煩惱些什麼？決定要怎麼處理？之後的發展又是如何？也能看出自己成長的軌跡。之後，你幾乎就不再需要這些筆記了。

簡單地說，所有筆記都只在三個月後、六個月後各回顧一次，之後就沒必要再看了。筆記寫出來的時候極具價值，而回顧兩次足以充分咀嚼玩味，如此便已足夠。

結語

本書所討論的思考訓練法，源於「**人為何無法深入思考**」之疑問，至今仍未有其他人提出，而且它真的非常有效。我從人類原有的思考力是如何地被壓抑，又該怎麼順利恢復的觀點出發，建構了此方法。而這套方法，不僅經過我親自書寫過數萬張的考驗，還傳授給了大約1千個人。

大部分人一旦試圖進行統整，腦袋便會無法運作。所以我在書中不停地告訴大家，不要試圖統整，也不要刻意去想，把感覺到的直接寫成筆記，思慮就能持續進展。

這套思考訓練法，其終極境界便是「零秒思考力」。亦即對於思考一事不再覺得痛苦，不論是要掌握現狀、釐清問題還是實際行動，都能立即浮現想法。只要每天都寫10張筆記，持續書寫數個月，就能漸

漸體會到這種「零秒思考力」的好處。

2012年，我在印度的孟買與加爾各答，為製造業主管舉辦營運計畫書撰寫研討會時，也向他們介紹了此「筆記訓練法」。並請他們各寫了10張，用英文寫筆記，格式及寫法也都完全相同。

這張照片是在孟買的研討會中拍攝的，一百多位製造業的中堅份子、大企業主管同時寫起筆記的樣子相當壯觀。每個人都具有強烈的成長意願，他們認真努力的態度讓我非常感動。

希望今後能有越來越多人以達成「零秒思考力」為目標，努力進行我的筆記訓練法，用舒暢振奮的心情，果斷犀利地完成工作上的任務，同時讓生活也更加充實豐富。

最後，你可將寫出來的筆記以PDF檔的形式，用電子郵件寄給我（akaba@b-t-partners.com），我將針對書寫格式方面提供一些意見。除了筆記之外，也請別忘了在信中告訴我，你對於此筆記訓練有何感想與發現。

零秒思考力 全世界最簡單的腦力鍛鍊

作　　者　赤羽雄二 Yuji Akaba
譯　　者　陳亦苓 Bready Chen

責任編輯　許世璇 Kylie Hsu
責任行銷　朱韻淑 Vina Ju
裝幀設計　許晉維 Jin We Hsu
版面構成　譚思敏 EmmaTan
校　　對　葉怡慧 Carol Yeh

發 行 人　林隆奮 Frank Lin
社　　長　蘇國林 Green Su

總 編 輯　葉怡慧 Carol Yeh
日文主編　許世璇 Kylie Hsu
行銷主任　朱韻淑 Vina Ju
業務處長　吳宗庭 Tim Wu
業務主任　蘇倍生 Benson Su
業務專員　鍾依娟 Irina Chung
業務秘書　陳曉琪 Angel Chen
　　　　　莊皓雯 Gia Chuang

發行公司　悅知文化　精誠資訊股份有限公司
地　　址　105台北市松山區復興北路99號12樓
專　　線　(02) 2719-8811
傳　　真　(02) 2719-7980
網　　址　http : //www.delightpress.com.tw
客服信箱　cs@delightpress.com.tw
I S B N　978-626-7288-23-8
建議售價　新台幣320元
三版一刷　2023年7月

國家圖書館出版品預行編目資料

零秒思考力：全世界最簡單的腦力鍛鍊／赤羽雄二著
陳亦苓譯. -- 三版. -- 臺北市：面；公分
精誠資訊股份有限公司,2023.07
ISBN 978-626-7288-23-8 (平裝)
1.CST: 職場成功法 2.CST: 思考

494.35　　112004399

建議分類｜商業管理・職場成功法